U0166875

无网格法
在流体力学中的应用
——理论基础

张挺　范佳銘　苏燕　著

中国水利水电出版社
www.waterpub.com.cn
·北京·

内 容 提 要

本书与《无网格法在流体力学中的应用：工程案例》为套书系列。本书主要介绍了偏微分方程数值求解的 11 种无网格方法的理论基础，包括：基本解法（MFS）、边界结点法（BKM）、特解法（MPS）、径向基函数配置法（RBFCM）、Trefftz 方法、模拟方程法（MAEM）、局部径向基函数配置法（Local RBFCM）、广义有限差分法（GFDM）、局部径向基函数微分求基法（LRBFDQ）、移动最小二乘微分求积法（MLSDQ）和奇异边界法（SBM），并介绍了每种方法的概念、推导过程和典型偏微分方程的求解以及参考习题。本书还介绍了 MATLAB 在无网格求解过程中有可能会使用到的部分图形用户界面和函数命令的使用方法，供读者参考。

本书可作为水利水电工程和港口航道工程等相关专业参考教材，也可以供从事相关领域科研人员及工程技术人员参考。

图书在版编目（CIP）数据

无网格法在流体力学中的应用. 理论基础 / 张挺，范佳铭，苏燕著. -- 北京 : 中国水利水电出版社，2020.10
　　ISBN 978-7-5170-8904-9

　　Ⅰ．①无… Ⅱ．①张… ②范… ③苏… Ⅲ．①网格计算－应用－流体力学 Ⅳ．①O35

中国版本图书馆CIP数据核字(2021)第187813号

书　　名	无网格法在流体力学中的应用——理论基础 WUWANGGEFA ZAI LIUTI LIXUE ZHONG DE YINGYONG——LILUN JICHU
作　　者	张挺　范佳铭　苏燕　著
出版发行	中国水利水电出版社 （北京市海淀区玉渊潭南路 1 号 D 座　100038） 网址：www.waterpub.com.cn E-mail：sales@waterpub.com.cn 电话：（010）68367658（营销中心）
经　　售	北京科水图书销售中心（零售） 电话：（010）88383994、63202643、68545874 全国各地新华书店和相关出版物销售网点
排　　版	中国水利水电出版社微机排版中心
印　　刷	清淞永业（天津）印刷有限公司
规　　格	184mm×260mm　16 开本　10.5 印张　256 千字
版　　次	2020 年 10 月第 1 版　2020 年 10 月第 1 次印刷
定　　价	**68.00 元**

前　言

　　无网格方法由于在数值计算过程中不需要建立任何网格，能够按照任意分布的坐标点构造插值函数，以此离散控制方程，在流体力学模拟复杂形状的流场中具有一定优势。而在塑性力学中，可以更有效地模拟发生大变形的材料，近些年来无网格方法的理论和应用都得到了迅猛的发展，其研究重点也逐渐从数学领域转到实际工程领域。本书介绍了无网格方法的基本理论和研究方法，并结合工程案例介绍这些方法在工程中的应用，可作为水利水电工程及港口航道工程等相关专业参考教材，也可以供从事相关领域科研人员及工程技术人员参考。

　　本书与《无网格法在流体力学中的应用：工程案例》为套书系列。本书主要侧重介绍 Matlab 的一些基本操作和无网格方法的理论基础，其中包括基本解法（MFS）、边界结点法（BKM）、特解法（MPS）、径向基函数配置法（RBFCM）、Trefftz 方法、模拟方程法（MAEM）、局部径向基函数配置法（Local RBFCM）、广义有限差分法（GFDM）、局部径向基函数微分求基法（LRBFDQ）、移动最小二乘微分求积法（MLSDQ）和奇异边界法（SBM）。该书作为无网格法高阶学习和研究的教材，涵盖了具体数值方法的推导，求解过程以及参考算例，重点告诉读者如何应用这些无网格方法，对数值模拟的结果作出分析，最后熟练掌握所学的方法，同时也是作为《无网格法在流体力学中的应用：工程案例》内容的铺垫和基础。

　　本书是在中国台湾海洋大学河海工程系范佳铭教授课题组开设无网格课程的讲义基础上，经过作者在教学中试用、修改提炼而成。《无网格法在流体力学中的应用：工程案例》的内容则主要为福州大学土木工程学院张挺教授课题组近些年的课题研究成果。本书书稿得到了中国台湾海洋大学李柏伟博士和福州大学林震寰博士的认真核对，并且十分详细的提出了改进意见并指出了一些纰漏之处，对他们的帮助，我们深表感谢，同时也希望读者批评指正。

本书得到了国家自然科学基金"内激励动力源作用下水-管-桥流激振动力学行为及耦合机制研究"（51679042）的资助。

张挺

2020 年 6 月于福州大学

目　录

前言

第1章　Matlab 基础知识 ………………………………………………… 1

1.1　常量 ………………………………………………………………… 1

1.2　变量 ………………………………………………………………… 1

1.3　数字变量 …………………………………………………………… 1

1.4　向量 ………………………………………………………………… 2

1.5　矩阵 ………………………………………………………………… 3

1.6　数据的读取与存储 ………………………………………………… 3

1.7　控制语句 …………………………………………………………… 5

1.8　二维绘图 …………………………………………………………… 6

1.9　三维绘图 …………………………………………………………… 13

第2章　微分方程及方程组求解 …………………………………………… 19

2.1　常微分方程 ………………………………………………………… 19

2.2　线性方程组 ………………………………………………………… 30

2.3　非线性方程组 ……………………………………………………… 34

2.4　偏微分方程 ………………………………………………………… 38

2.5　参考习题 …………………………………………………………… 57

第3章　基本解法与边界点法 ……………………………………………… 60

3.1　基本解的推导 ……………………………………………………… 60

3.2　MFS 求解拉普拉斯方程 …………………………………………… 62

3.3　MFS 求解亥姆霍兹方程 …………………………………………… 65

3.4　MFS 求解修正亥姆霍兹方程 ……………………………………… 67

3.5　MFS 求解扩散方程 ………………………………………………… 68

3.6　MFS 求解斯托克斯方程 …………………………………………… 71

3.7　MFS 求解双调和方程 ……………………………………………… 73

3.8　BKM 求解亥姆霍兹方程 …………………………………………… 73

3.9　BKM 求解修正亥姆霍兹方程 ……………………………………… 74

3.10　参考习题 …………………………………………………………… 76

参考文献 ……………………………………………………………………… 77

第 4 章　特解法 ·· 79

4.1　求解泊松方程 ·· 79

4.2　直接积分求径向基函数 ······················· 83

4.3　求解亥姆霍兹方程 ································· 83

4.4　求解修正亥姆霍兹方程 ························· 85

4.5　参考习题 ·· 86

参考文献 ·· 86

第 5 章　径向基底函数配点法 ····················· 87

5.1　求解泊松方程 ·· 87

5.2　求解稳态对流扩散方程 ························· 90

5.3　有限差分法对时间离散 ························· 92

5.4　求解时间相关对流扩散方程 ·················· 93

5.5　参考习题 ·· 96

参考文献 ·· 97

第 6 章　Trefftz 方法 ·································· 98

6.1　求解拉普拉斯方程 ································· 98

6.2　T-完备基函数 ······································ 102

6.3　求解亥姆霍兹方程 ································· 103

6.4　求解双调和方程 ···································· 105

6.5　参考习题 ·· 106

参考文献 ·· 106

第 7 章　无网格模拟方程法 ························· 108

7.1　求解稳态对流-扩散方程 ······················· 108

7.2　求解非稳态对流-扩散方程 ···················· 111

7.3　参考习题 ·· 113

参考文献 ·· 113

第 8 章　局部径向基函数配点法 ·················· 115

8.1　求解泊松方程 ·· 115

8.2　求解对流扩散方程 ································· 119

8.3　参考习题 ·· 122

参考文献 ·· 122

第 9 章　广义有限差分法 ···························· 124

9.1　求解泊松方程 ·· 124

9.2　求解对流扩散方程 ································· 129

9.3 参考习题 ‥‥‥‥‥‥‥‥‥‥‥‥‥‥‥‥‥‥‥‥‥‥‥‥ 134

参考文献 ‥‥‥‥‥‥‥‥‥‥‥‥‥‥‥‥‥‥‥‥‥‥‥‥‥‥ 134

第 10 章　基于局部 RBF 的微分求积方法 ‥‥‥‥‥‥‥‥‥‥ 135

10.1 求解泊松方程 ‥‥‥‥‥‥‥‥‥‥‥‥‥‥‥‥‥‥‥‥ 135

10.2 求解对流扩散方程 ‥‥‥‥‥‥‥‥‥‥‥‥‥‥‥‥‥ 142

10.3 参考习题 ‥‥‥‥‥‥‥‥‥‥‥‥‥‥‥‥‥‥‥‥‥‥ 145

参考文献 ‥‥‥‥‥‥‥‥‥‥‥‥‥‥‥‥‥‥‥‥‥‥‥‥‥‥ 145

第 11 章　移动最小二乘微分求积法 ‥‥‥‥‥‥‥‥‥‥‥‥ 147

11.1 求解泊松方程 ‥‥‥‥‥‥‥‥‥‥‥‥‥‥‥‥‥‥‥‥ 147

11.2 求解对流-扩散方程 ‥‥‥‥‥‥‥‥‥‥‥‥‥‥‥‥ 150

11.3 参考习题 ‥‥‥‥‥‥‥‥‥‥‥‥‥‥‥‥‥‥‥‥‥‥ 154

参考文献 ‥‥‥‥‥‥‥‥‥‥‥‥‥‥‥‥‥‥‥‥‥‥‥‥‥‥ 154

第 12 章　奇异边界法 ‥‥‥‥‥‥‥‥‥‥‥‥‥‥‥‥‥‥‥ 156

12.1 求解拉普拉斯方程 ‥‥‥‥‥‥‥‥‥‥‥‥‥‥‥‥‥ 156

参考文献 ‥‥‥‥‥‥‥‥‥‥‥‥‥‥‥‥‥‥‥‥‥‥‥‥‥‥ 160

第1章 Matlab 基 础 知 识

1.1 常量

常量，在 Matlab 中习惯称之为特殊变量，即系统自定义的变量，它们在 Matlab 启动以后留在内存里，常用的特殊变量见表 1-1。

表 1-1   Matlab 常用特殊变量表

特殊变量	取 值	特殊变量	取 值
ans	Matlab 中运行结果的默认变量名	inf	无穷大
pi	圆周率 π	NaN	不定值
eps	计算机中的最小数	i 或 j	复数中的虚数单位

1.2 变量

Matlab 会自动根据所赋予变量的值或对变量所进行的操作来识别变量的类型并分配合适的内存空间。如赋值变量已经存在时，Matlab 将使用新值代替旧值，同时，以新值的变量类型代替旧值的变量类型。

1.3 数字变量

Matlab 中常用的基本数学函数及三角函数见表 1-2。

表 1-2   基本数学函数及三角函数

函 数	说 明	函 数	说 明
abs$x$	数量的绝对值或向量长度	conj$x$	复数 x 的共轭复数
angle$x$	复数 x 的相角	sin$x$	正弦函数
sqrt$x$	平方根	cos$x$	余弦函数
real$x$	复数 x 的实部	tan$x$	正切函数
imag$x$	复数 x 的虚部		

1.4   向量

1.4.1   向量的生成

向量生成的主要方法有直接输入法、冒号法和利用 linspace 函数创建。

（1）直接输入法。生成向量最直接的方法就是在命令窗口中直接输入。

格式：向量元素需要用 ［］ 括起来，元素之间可以用空格、逗号或分号分隔。

例 1－1：

```
>>A=[1 2 3]
  A=
    1   2   3
>>A=[1;2;3]
  A=
    1
    2
    3
```

（2）冒号法。在 Matlab 中，冒号是一个重要的运算符，利用它可以产生行向量。

格式：e1：e2：e3，其中 e1 为初始值，e2 为步长，e3 为终止值。

例 1－2：

```
>>t=0:1:5
  t=
    0  1  2  3  4  5
```

（3）利用 linspace 函数来创建向量。

格式：linspace（a，b，n），其中 a 和 b 是生成向量的第一个和最后一个元素，n 是元素总数，当 n 省略，则自动生成 100 个元素。

例 1－3：

```
>>x=linspace(0,5,6)
  x=
    0  1  2  3  4  5
```

1.4.2   向量元素的引用

向量元素引用的方式见表 1－3，并以例 1－4 进一步说明。

表 1－3   向量元素引用的方式

格式	说　　明	格式	说　　明
x（n）	表示向量中的第 n 个元素	x（$n1$：$n2$）	表示向量中的第 $n1$ 个到第 $n2$ 个元素

例 1 - 4：

$>>x=[6\,5\,4\,3\,2\,1];$

$>>x(1:4)$

ans＝

　6　5　4　3

1.5　矩阵

常用的特殊矩阵生成命令见表 1 - 4，具体使用见例 1 - 5。

表 1 - 4　　　　　　　　　特殊矩阵生成命令

函数	说　明	函数	说　明
zeros（m）	生成 m 阶全 0 矩阵	ones（m，n）	生成 m 行 n 列全 1 矩阵
zeros（m，n）	生成 m 行 n 列全 0 矩阵	rand（m）	生成 m 阶均匀分布的随机矩阵
eye（m）	生成 m 阶单位矩阵	rand（m，n）	生成 m 行 n 列均匀分布的随机矩阵
eye（m，n）	生成 m 行 n 列单位矩阵	hilb（n）	生成 n 阶 Hilbert 矩阵
ones（m）	生成 m 阶全 1 矩阵		

例 1 - 5：

$>>$ hilb(3)％％％Hilbert 矩阵可浏览

(https：//en. wikipedia. org/wiki/Hilbert_matrix)

ans＝

　1.0000　0.5000　0.3333

　0.5000　0.3333　0.2500

　0.3333　0.2500　0.200

1.6　数据的读取与存储

在数值计算过程中，常常需要载入已有的数据以及对运算后的结果进行存储，Matlab 中关于数据的读取和存储由不同的命令函数执行，而不同的命令功能有不同的格式用法，下面针对数据的读取和存储分别介绍常见的几种命令。

1.6.1　读取数常用方法

（1）load（）函数。调用 load 函数，可以将数据文件中的变量读入到 Matlab 的工作空间中，load 函数命令可以读取 MAT - file data 或者用空格间隔的格式相似的 ASCII data. 中的数据。

格式：load ('filename. txt ')，其中 filename 是需要读取数据文件的文件名，需要注意的是，读取的文件应当与当前文件夹在同一目录下。

例 1 - 6：

将 EXAMPLE. txt 的数据读入工作空间中，并保存为矩阵 X

在命令窗口输入：

$>>X=$load ('EXAMPLE. txt ')

（2）open（）函数。open 函数可用来打开文件，文件类型包括文本文件（*. txt）、可执行文件（*. exe）、图形文件（*. fig）、超文本文件（*. html，*. htm）、MATLAB 数据库文件（*. mat）、simulink 模型文件（*. mdl）、MATLAB p 文件（*. p）等。

格式：open ('D：\ XXX \ filename. mat ')。其中需要输入待读取的文件路径，但是与读取的文件与当前文件夹在同一目录下时，路径可以省略，即 open ('filename. mat ')。

例 1 - 7：

打开文件 EXAMPLE. mat

在命令窗口输入：

$>>$open ('D：\MATLAB\EXAMPLE. mat ')

（3）textread（）函数。textread 函数可用来读取 ASCII 格式的文本/数值数据文件。

格式：[a，b，c，…] = textread (filename，format，N)，其中 filename 是文件名，format 是要读取的格式，a，b，c 是从文件中读取到的数据，N 表示读取次数为 N 次，即为 txt 文件中存储的数据的行数。

例 1 - 8：

假设文件 EXAMPLE. txt

1 2 3 4

5 6 7 8

在命令窗口输入：

$>>$[a,b]=textread ('EXAMPLE. txt ','%n%n%n%n',2);

$>>$data=[a b];

data=

　　1　2　3　4

　　5　6　7　8

1.6.2　存储数据常用方法

（1）save（）函数。MATLAB 中调用 save 命令可以将工作空间的变量保存成 txt

文件或 mat 文件。

　　格式：save（'filename'，'a'，'b'）/save（'filename'，'a'，'b'，'—ascii'）。其中
filename 为存储后的文件名，a 和 b 为工作空间中需要存储的数据变量名。默认文件
格式为 mat 文件，'—ascii'表示需要将数据保存成 txt 文件。

　　例 1 - 9：

　　将工作空间内的变量 x 和 y 存储在命名为 POSITION 的文件中

　　在命令窗口输入：

＞＞save（'POSITION'，'x'，'y'）；％％保存成 mat 文件格式

＞＞save（'POSITION'，'x'，'y'，'—ascii'）；％％保存成 txt 文件格式

　　（2）dlmwrite（）函数。当使用 save 函数将数据存为 ASCII 文件时，常常文件里
都是实型格式的数据，即有小数点，后面将出现很多的 0，查阅数据时较为不方便。
存储数据时，还可以使用 dlmwrite 命令，dlmwrite 函数可以将一个矩阵存储到由分
隔符分割的文件中。

　　格式：dlmwrite（'filename. txt'，a）。其中 filename 为存储后的文件名，a 为工
作空间中需要存储的数据变量名。

　　例 1 - 10：

　　将工作空间内的矩阵 P 存储在命名为 EXAMPLE 的文件中，$P=[1\ 2\ 3\ 4；5\ 6\ 7\ 8]$

　　在命令窗口输入：

＞＞dlmwrite（'EXAMPLE. txt'，P）；

则 EXAMPLE. txt 中的内容为：

　　1 2 3 4

　　5 6 7 8

1.7　控制语句

　　在编写 Matlab 的程序过程中，会需要用到不同的程序结构，Matlab 的语言中也
有用其他计算机语言相同的控制语句，例如：C、FORTRAN 等的控制语句。下面将
主要介绍循环结构命令与选择结构命令。

1.7.1　循环结构命令

　　这里主要介绍两种 Matlab 程序语言中经常使用的循环结构，for - end 循环和
while - end 循环，下面通过例 1 - 11 进行演示和说明该两种代码的具体用法和区别。

　　例 1 - 11：

　　求函数 $f（x）=x^2$ 的函数值 $f（k）$，$k=1，2，3，4，5$。

　　（1）for - end 循环。在命令窗口输入：

＞＞x=［1 2 3 4 5］；

```
>>for i=1:5
    y(i)=(x(i))^2;
  end
>>y=[1 4 9 16 25];
```

（2）while - end 循环。在命令窗口输入：

```
>>x=[1 2 3 4 5];
>>i=1
>>while i<6
    y(i)=(x(i))^2;
    i=i+1;
  end
>>y=[1 4 9 16 25];
```

1.7.2　选择结构命令

MATLAB 中比较常用且简单的选择结构语句为 if - end 语句，具体的使用方法通过例 1 - 12 具体说明。

例 1 - 12：

已知函数 $f(x)=\begin{cases} x^2+6x+7 & x<0 \\ 10^x & x\geqslant 0 \end{cases}$，求 $f(-1)+f(1)$ 的值。

在命令窗口输入：

```
>>x=[-1 1];
>>For i=1:2
    if x(i)<0
      y1=x(i)^2+6*x(i)+7;
    else
      y2=10^x(i);
    end
  end
>>Y=y1+y2;
>>Y=12
```

1.8　二维绘图

MATLAB 提供了很多种二维绘图命令。其中比较常用，而且基础的是 plot 命令，这也是下面将要详细介绍的。对于其他的一些绘图命令，后面会作一些简略介绍。

1.8.1 基本的 plot(x，y，'s') 命令

plot 命令为最基本的绘图命令，也是最常用的一个绘图命令。当执行 plot 命令时，系统会自动创建一个新的图形窗口。下面以例 1-13 说明，运行结果如图 1-1 所示。

例 1-13：

绘制出在区间 [0，10] 上函数 $y = 2\cos x^2 - \sin x^2$ 的图形。

在命令窗口输入：

```
>>x=0:0.02:10;
>>y=2*cos(x.^2)-sin(x.^2);
>>plot(x,y);
```

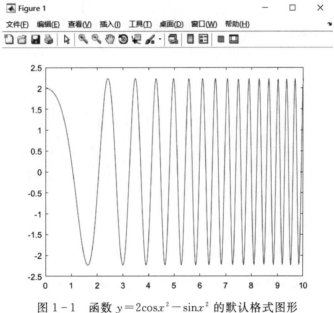

图 1-1　函数 $y = 2\cos x^2 - \sin x^2$ 的默认格式图形

可对图 1-1 进行进一步处理：

步骤一： 注意在"帮助"下方的图标"▱"，该图标为显示绘图工具和停靠图形，点击后出现图 1-2 所示界面。

步骤二： 在该界面中选中图形坐标轴，可对坐标轴线宽、字体和字体大小，以及曲线属性等进行调节。

一般情况下，图片单列居中操作可以将宽度定为 8～12cm，若是图片以两列居中宽度可定为 5～6cm。单列居中时可将坐标轴和曲线宽度选取为 3pt，坐标字体选择"Times New Roman"，坐标字体大小取 32pt，横纵坐标标注与坐标字体选择一样，并选择"斜体"。调整完后的图形，即可视为标准图形，如图 1-3 所示。

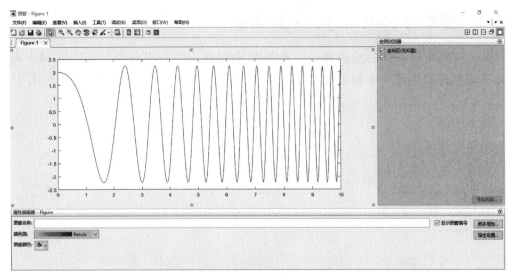

图 1-2　Matlab 图像编辑界面

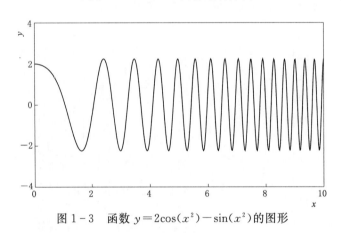

图 1-3　函数 $y=2\cos(x^2)-\sin(x^2)$ 的图形

　　修改图片的方法除了使用 Matlab 图像编辑器，还可以使用命令编辑图像，图像编辑常用命令见表 1-5，常用绘图属性命令见表 1-6。

表 1-5　　　　　　　　　　　　　　图像编辑常用命令表

调 用 格 式	说　　明
title（'name'）	给所绘的图形加上标题
xlabel（'string'）	给 x 轴上标注说明语句 string，ylabel、zlabel 分别是对 y 轴、z 轴进行标注
xlabel（'string','PropertyName', PropertyValue，…）	指定轴对象中要控制的属性名和要改变的属性值，参数"string"为添加的标注内容
text（x，y，'string'）	在图形中指定的位置（x，y）上显示 string 字符串
axis（[xmin，xmax，ymin，ymax，zmin，zmax]）	设置当前坐标轴 x 轴、y 轴、z 轴的范围

调 用 格 式	说 明
legend（'string1'，string2'，…）	用文字 string1、string2，…分别显示每个图例
set（gca，'PropertyName'，PropertyValue，…）	对指定的对象进行指定属性设置，gca 为所修改对象的句柄

表 1-6　　　　　　　　　　　常用绘图属性命令表

属性名	含　义	属性名	含　义
FontName	设置文字字体名称	FontWeight	设置文字字体粗细
FontSize	设置文字字体大小	LineWidth	设置线宽
FontAngle	设置斜体文字模式	Color	设置颜色

在上面的例子中，我们使用 plot 命令非常方便的绘制出了一个函数的图形，并对其图形处理作了简单介绍，这里对 plot 函数用法做一些说明。

（1）x、y 是采样离散点的横纵坐标，所以向量长度必须相同。

（2）'s' 是字符串，不同的值有不同的图形表现形式，如果没有这个输入变量，则系统默认使用蓝色细实线绘制图形，常用控制字符串见表 1-7。

表 1-7　　　　　　　　　　　常 用 控 制 字 符 串

字　符	含　义	字　符	含　义
颜色控制字符		标记控制字符	
b	蓝色	+	加号
g	绿色	o	小圆圈
r	红色	*	星号
c	青色	.	实点
m	品红	x	交叉号
y	黄色	d	棱形
k	黑色	ˆ	向上三角形
w	白色	>	向右三角形
线型控制字符		<	向左三角形
—	实线（默认）	s	正方形
— —	虚线	h	正六角星
:	点线	p	正五角星
—.	点画线	v	向下三角形

1.8.2　plot 命令的扩展

对于多组数据的绘图方法，和一组数据的调用非常类同。只要在 plot 后依次输入变量值就可以。下面以例 1-14 说明，运行结果如图 1-4 所示。

例 1 - 14:

对于函数 $y_1 = 2x\sin x^2$，$y_2 = 2(x+1)\cos x^2$，在 [0，5] 区间上绘制这两条曲线。

在命令窗口输入：

```
>> clear
>> x=0:0.01:5;
>> y1=2*x.*sin(x.^2);
>> y2=2*(x+1).*cos(x.^2);
>> plot(x,y1,'d',x,y2,'*')
```

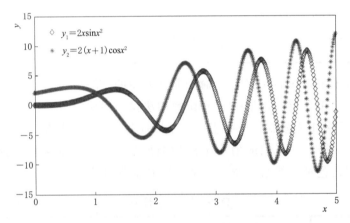

图 1 - 4　函数 $y_1 = 2x\sin x^2$，$y_2 = 2(x+1)\cos x^2$ 曲线

当 x、y 都是 $m \times n$ 数组时，使用 $\text{plot}(x，y)$ 绘制出 n 条曲线。每条曲线的位置由 x、y 对应的列确定。如果省略 x，命令变为 $\text{plot}(y)$，这时使用的 y 数组下标为横坐标。当 y 为一维数组时，则绘制出一条曲线，当 y 为二维数组时，以数组的行下标为横坐标，y 为纵坐标绘制出多条曲线，曲线的条数就是数组的列数。下面以例 1 - 15 说明，运行结果如图 1 - 5 所示。

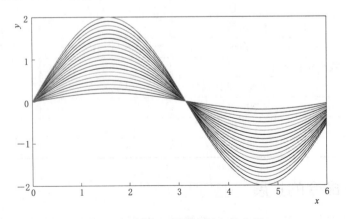

图 1 - 5　在同一张图绘制多条曲线

例 1-15：

在窗口输入命令：

```
>> x=(0:0.01:6)';
>> k=0.2:0.1:2;
>> y=sin(x)*k;
>> plot(x,y)
```

1.8.3 多次重叠绘制图形

在使用 plot 函数时，有时候希望多次绘图，如果不用命令控制，每次运行后，在
Figure 中都会看到当前的图形，并覆盖上一次的运行结果。这往往不是我们想要的，
要在一张图片中多次重叠绘制图形，可以使用"hold"命令。

hold on 使当前图形与坐标轴保持原有状态，不被刷新。

hold off 使当前图形不再具备不被刷新的性质。

hold 当前图形是否具备被刷新功能的双向切换开关。

1.8.4 多子图

在部分复杂信息的显示过程中，通常需要同时显示多个不同的数据图形进行横向
对比，从而展现出一些不同的规律性成果。多子图的绘制则是可将在一个图形窗口分
割成多个图形窗口，在不同的图形窗口中绘制相应的图形，可以使用 subplot 命令，
其基本格式 subplot（m，n，p）表示分割为 $m \times n$ 的图形窗口，p 为当前绘图是在编
号为 p 的图形窗口。需要注意的是，这些图形窗口的编号是按行来排列的。下面以例
1-16 说明，运行结果如图 1-6 所示。

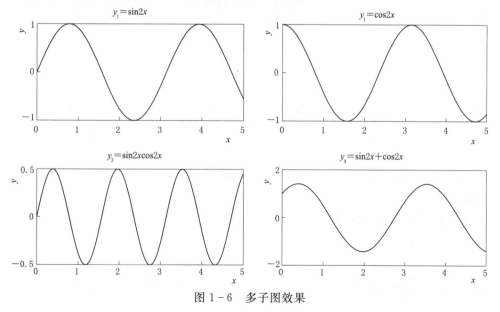

图 1-6 多子图效果

例 1 - 16：

在一幅图的各子图中分别绘制函数 $y_1 = \sin 2x$，$y_2 = \cos 2x$，$y_3 = \sin 2x \cos 2x$，$y_4 = \sin 2x + \cos 2x$ 的图形。

在命令窗口输入：

```
>> x=0:0.01:5;
>> y1=sin(2*x);
>> y2=cos(2*x);
>> y3=y1.*y2;
>> y4=y1+y2;
>> subplot(2,2,1),plot(x,y1)
>> subplot(2,2,2),plot(x,y2)
>> subplot(2,2,3),plot(x,y3)
>> subplot(2,2,4),plot(x,y4)
```

1.8.5 其他的一些二维图形绘制

根据需求会用到其他一些图形绘制方法，比如分析各成分的比例，可能需要饼状图或者条状图，以绘制基础二维图的方法作为基础，这些方法容易掌握。这里给出常用的绘图命令，见表 1-8。以例 1-17 说明其用法，其他绘图命令类同，运行结果如图 1-7 所示。

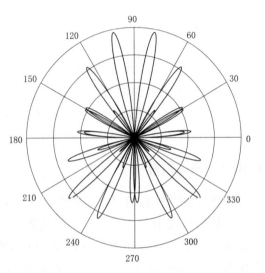

图 1-7 极坐标图形

表 1-8   常用的二维绘图命令

命令	功 能	命令	功 能
plot	绘制基础的二维图	quiver	箭头图
rose	扇形图	ferther	羽毛图
stairs	梯形图	compass	射线图
polar	在极坐标下绘制曲线	stem	二维杆图
Hist	频数直方图	pie	饼状图

例 1 - 17：

在极坐标下画出函数图像

在命令窗口输入：

```
>> t=0:.01:2*pi;
>> polar(t,sin(t).*cos(9*t)+sin(15*t));
```

1.9 三维绘图

三维图形的绘制相对于二维图形要复杂一些,但是有了前面的基础还是不难理解各种命令。三维图形有时候能传达的信息也更加丰富。这里主要介绍三维曲线绘制、三维曲面绘制以及一些相关问题。

1.9.1 plot3 命令

三维曲线的 plot3 命令与二维情况下很类似,基本格式为 plot3 (x,y,z,'s')。x、y、z 是向量时,则绘制以 x、y、z 为元素的三维曲线。当 x、y、z 为矩阵时,则绘制多条曲线。字符串 's' 的用法同二维情况。对于多组数据的绘图也类同二维情况,可以使用命令 plot3 (x1,y1,z1,'s1',x2,y2,z2,'s2',…)。下面以例 1-18 进行说明,运行结果如图 1-8 所示。

例 1-18:

绘制参数方程的三维曲线:

$$\left.\begin{array}{l} x=t \\ y=\sin t \\ z=\cos 2t \end{array}\right\}$$

在命令窗口中输入:

```
>> x=0:0.01:40;
>> y=sin(x);
>> z=cos(2*x);
>> plot3(x,y,z)
>> grid on
```

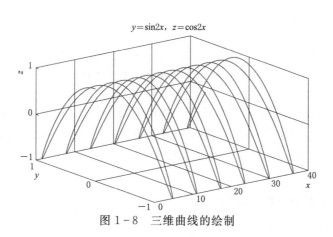

图 1-8 三维曲线的绘制

1.9.2 三维网格图与曲面图的绘制

三维网格图与曲面图的绘制非常相似,调用格式也近乎一致。绘图之前先要形成自变量的格点矩阵。

命令为 [x，y]＝meshgrid（x，y）。在计算得到变量 z 的值之后，就可以作图。对于网格图和曲面图的格式分别为 surf（x，y，z，c）和 mesh（x，y，z，c）。在缺省参数情况下，和前面几种绘图方法类似。下面以例 1-19 说明，运行结果如图 1-9 所示。

例 1-19：

绘制三维网格图与曲面图

在命令窗口输入：

```
>> clear
>> x=-10:0.5:10;
>> y=-10:0.5:10;
>>[x,y]=meshgrid(x,y);
>> r=sqrt(x.^2+y.^2);
>> z=sin(r)+cos(r);
>> subplot(1,2,1),mesh(x,y,z)
>> subplot(1,2,2),surf(x,y,z)
```

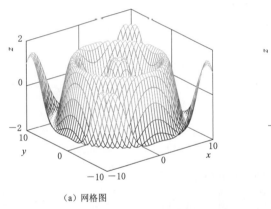
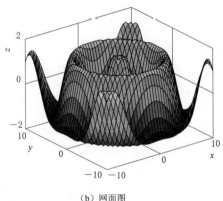

(a) 网格图　　　　　　　　　　　　　　(b) 网面图

图 1-9　网格图和曲面图的绘制

Matlab 还可以很方便地画出等高图，基本调用格式为 contour（x，y，z，n），其中 n 表示从最低位置到最高位置的等高线的条数。缺省 x、y 状态时表示为二维等高线图。下面以例 1-20 说明，运行结果如图 1-10 所示。

例 1-20：

绘制三维高斯型分布的等高图。

在命令窗口输入：

```
>>[x,y,z]=peaks(30);
>> subplot(2,2,1),mesh(z);%三维高斯分布
>> subplot(2,2,2),contour(z,8);%二维的等高图
```

```
>> subplot(2,2,3),contour3(x,y,z,8);%三维的等高图
>> subplot(2,2,4),contourf(z,8);%用色彩填充二维的等高图
```

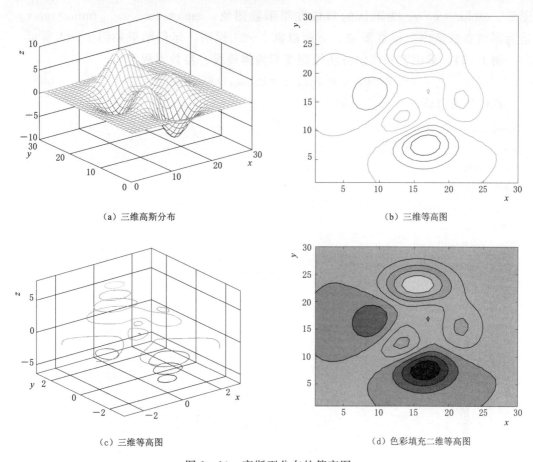

（a）三维高斯分布　　　　　　　　　（b）三维等高图

（c）三维等高图　　　　　　　　　（d）色彩填充二维等高图

图 1-10　高斯型分布的等高图

1.9.3　符号运算的可视化

Matlab 中除了数值结果可以绘制图像以外，还提供了丰富的符号绘图功能，如符号绘图命令以 ez 字母开头。这里主要介绍几个常用的命令 ezplot、ezplot3、ezsufr 和 ezmesh。这些命令适用于多种类型函数：符号函数、M 文件函数、字符串函数和句柄函数等。

ezplot 的基本调用格式为：

ezplot(f)

ezplot(f,[min,max])

ezplot(f,[xmin,xmax,ymin,ymax])

ezplot(x,y)

ezplot(x,y,[tmin,tmax])

ezplot（f）为默认的调用方式，ezplot（f，［min，max］）为指定参数变化范围的函数图形，ezplot（f，［xmin，xmax，ymin，ymax］）是为指定 x、y 范围的函数图形。ezplot（x，y）为默认的参数方程函数图象，ezplot（x，y，［tmin，tmax］）是为限制参数范围的函数图象。下面以例 1-21 说明，运行结果如图 1-11 所示。

例 1-21：采用符号作图方法绘制变形的螺旋线。参数方程为

$$x=t，y=\sin t，z=2\cos t，t\in［0，20］$$

在命令窗口输入：

```
>> syms t
>> x=t;
>> y=sin(t);
>> z=2*cos(t);
>> ezplot3(x,y,z,[0,20])
>> grid
```

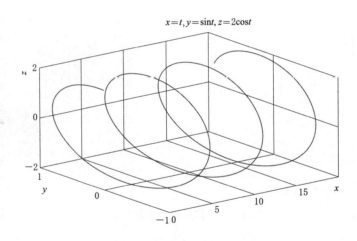

图 1-11　变形的螺旋线

ezmesh 和 ezsurf 使用方法基本一样，只是图形表现形式不同，而且对部分函数的支持类型不同。

ezmesh 其基本调用格式为：

```
ezmesh(f)
ezmesh(f,domain)
ezmesh(x,y,z)
ezmesh(x,y,z,[smin,smax,tmin,tmax])
ezmesh(x,y,z,[min,max])
```

其中 ezmesh(f)产生函数 f(x,y)的曲面图象，而 ezmesh(x,y,z)是为曲面参数方程。[smin,smax,tmin,tmax]为参数区间范围。ezsurf 使用方法基本相同，下面以例

1-22、例 1-23 分别说明。运行结果如图 1-12、图 1-13 所示。

例 1-22：

采用 mesh 绘图方法绘椭球面，椭球参数方程为

$$\left.\begin{array}{l} x = \sin t_1 \cos t_2 \\ y = 16\sin t_1 \sin t_2 \\ z = 2\cos t_1 \end{array}\right\}$$

在命令窗口输入：

```
>>syms t1 t2
>>x=sin(t1)*cos(t2);
>>y=16*sin(t1)*sin(t2);
>>z=2*cos(t1);
>>ezmesh(x,y,z,[0,pi,0,2*pi])
>>hidden off %透视效果,注意 hiddenoff 效果对 ezsurf 无效
```

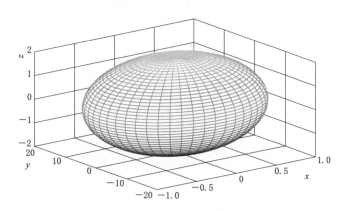

图 1-12　ezmesh 绘制的椭球图象

例 1-23：

采用 ezsurf 绘图方法绘制轮胎状环面，参数方程为

$$\left.\begin{array}{l} x = \cos t\ (3+\cos u) \\ y = \sin t\ (3+\cos u),\ t\in[0,\ 2\pi],\ u\in[0,\ 2\pi] \\ z = sin u \end{array}\right\}$$

在命令窗口输入：

```
>>syms t u
>>x=cos(t)*(3+cos(u));
>>y=sin(t)*(3+cos(u));
>>z=sin(u);
>>ezsurf(x,y,z,[0,2*pi,0,2*pi])
```

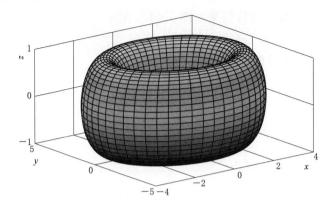

图 1 - 13　ezsurf 绘制的轮胎状环面

第 2 章　微分方程及方程组求解

现代科学研究和工程技术中遇到的问题常可以归结为求解微分方程的问题，因而弄清微分方程及方程组的求解问题意义重大。本章内容主要介绍 Matlab 中多种求解微分方程及方程组的方法，以便于解决科学研究和工程技术中的数学问题。

2.1　常微分方程

本节介绍在 Matlab 中解常微分方程的两种常用方法：符号解法和数值解法。数值解法中又有欧拉（Euler）法以及龙格-库塔（Rung - Kutta）法等，下面进行详细说明。

2.1.1　求解常微分方程的符号法函数

符号解法即直接调用 Matlab 中的库函数进行求解，下面以例 2-1 具体说明。

调用格式：dsolve（'eq1','eq2'，…,'cond1','cond2'，…,'v'）

例 2-1：

求解一阶微分方程 $y'=-2y+2x^2+2x$，$0 \leqslant x \leqslant 0.5$，$y(0)=1$。

其实现的 Matlab 程序代码如下：

```
>> y=dsolve('Dy=-2*y+2*x^2+2*x','x')
```

运行程序,结果如下：

```
y=
   x^2 + C1 * exp(-2 * x)    %  通解
```

这是一阶微分方程的通解,含有一个任意常数,而求解其特解,输入代码如下：

```
>> y=dsolve('Dy=-2*y+2*x^2+2*x','y(0)=1','x')
```

运行程序，结果如下：

```
y=
   exp(-2 * x)+ x^2
```

同时可以采用 ezplot 画出函数图形。其代码如下：

```
>> ezplot('exp(-2 * x)+ x^2',[0 0.5]);
   grid on   % grid on   为图形中的网格划分
```

此外，可以通过代码直接修改图形的输出格式，具体如下：

```
>> y=dsolve('Dy=-2*y + 2*x^2 + 2*x','y(0)=1','x');   %解微分方程
```

```
>> f＝ezplot(y,[0,0.5]);　%画函数图
>>set(gca,'FontName',' Times New Roman',' FontSize',16,' LineWidth',1.5);
>>axis([0,0.5,0.6,1]);　%坐标轴范围
>>set(gca,' xtick',0:0.1:0.5,' xticklabel',{'0.0','0.1','0.2','0.3','0.4','0.5'});
>>set(gca,' ytick',0.6:0.1:1,' yticklabel',{0.6,0.7,0.8,0.9,'1.0'});
>>xlabel('\itx',' fontname',' Times New Roman',' fontsize',16);　%　x 轴标签
>>ylabel('\ity',' fontname',' Times New Roman',' fontsize',16);　%　y 轴标签
>>title('');%　标题
>>h＝legend('\it exp(－2x)＋x^2');　%图例
>>set(h,' edgecolor',' none');
```

运行结果如图 2－1 所示。

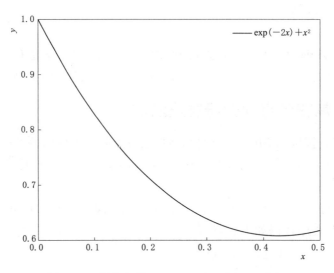

图 2－1　微分方程 $y'＝-2y+2x^2+2x$ 的解

2.1.2　Euler 法和改进 Euler 法

（1）Euler 法。从积分曲线的几何解释出发，推导出了 Euler 公式为

$$y_{n+1}＝y_n+hf(x_n,y_n) \tag{2-1}$$

推导过程参考（https://en.wikipedia.org/wiki/Euler_method）。

根据 Euler 公式，可以编写出 euler.m 的函数文件，以便在求解时直接调用此函数文件。

其源代码如下：

```
function[x,y]＝euler(f,x0,y0,xf,h)
% 一阶微分方程函数:f
% 初始条件:x0,y0
% 取值范围的一个端点:xf
% 区间步长:h(默认值为 0.1)
```

```
n=fix((xf−x0)/h);
y(1)=y0;
x(1)=x0;
for i=1:n
    x(i+1)=x0+i*h;
    y(i+1)=y(i)+h*feval(f,x(i),y(i));
end
```

为了更好地说明该方法的使用，了解同解析解相比该方法的求解精度，下面以例 2-2 说明。

例 2-2：

求解方程 $\begin{cases} y'=y-\dfrac{2x}{y}, & 0<x<1 \\ y(0)=1, & x=0 \end{cases}$ 的初值问题。

首先建立一个 example2_2. m 的函数文件

```
function f=example2_2(x,y)
    f=y−2*x/y;
```

其实现的程序代码如下：

```
>>[x,y]=euler('example2_2',0,1,1,0.1)
```

运行程序，输出如下：

```
x=
    0  0.1  0.2  0.3  0.4  0.5  0.6  0.7  0.8  0.9  1.0
y=
    1  1.10  1.19  1.28  1.36  1.44  1.51  1.58  1.65  1.72  1.78
```

将结果与其解析解 $y=\sqrt{1+2x}$ 进行对比，可看出 Euler 法的精度。如图 2-2 所示，采用 Euler 法求解的值相比解析解是偏大的，绝对误差随自变量 x 增大也逐渐增大。

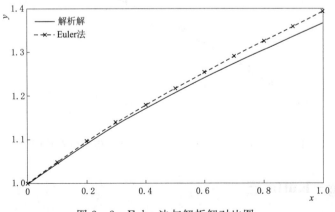

图 2-2　Euler 法与解析解对比图

（2）改进 Euler 法。为了提高精度，建立了一个预测-校正系统，也就是所谓的改进的 Euler 公式：

$$
\left.\begin{aligned}
y_p &= y_n + h f(x_n, y_n)\\
y_c &= y_n + h f(x_{n+1}, y_n)\\
y_{n+1} &= \frac{1}{2}(y_p + y_c)
\end{aligned}\right\}
\tag{2-2}
$$

利用改进的 Euler 公式，可以写出以下的 adeuler. m 函数文件。

```
%%% 改进 Euler 法源代码 %%%
function[x,y]=adeuler(f,x0,y0,xf,h)
% 一阶微分方程函数:f
% 初始条件:x0,y0
% 取值范围的一个端点:xf
% 区间步长:h(默认值为 0.1)
n=fix((xf-x0)/h);
y(1)=y0;
x(1)=x0;
for i=1:n
    x(i+1)=x0+i*h;
    yp=y(i)+h*feval(f,x(i),y(i));
    yc=y(i)+h*feval(f,x(i+1),yp);
    y(i+1)=(yp+yc)/2;
end
```

通过求解例 2-2 的问题，可以得知 Euler 法与改进的 Euler 法之间的精度区别。如图 2-3 所示，改进后 Euler 法求解的值与解析解非常的接近，说明其精度是非常高的。

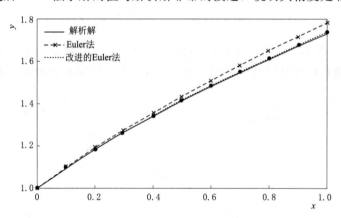

图 2-3　Euler 法、改进的 Euler 法与解析解对比图

2.1.3　Rung-Kutta 法

Rung-Kutta 法避免在算式中直接用到 $f(x, y)$ 的微商，实质上是间接使用泰

勒公式的一种算法。它的基本思想是利用 $f(x, y)$ 在某些点处的值的线性组合构造公式，使其按泰勒展开后与初值问题的解的泰勒展开式比较，用尽可能完全相同多的项以确定其中的参数，从而保证算式有较高的精度。

考察均差 $\dfrac{y(x_{n+1}) - y(x_n)}{h}$，根据微分中值定理，存在 $0 < \theta < 1$，使得

$$\frac{y(x_{n+1}) - y(x_n)}{h} = y'(x_n + \theta h) \tag{2-3}$$

于是，由 $y' = f(x, y)$ 得

$$y(x_{n+1}) = y(x_n) + h f(x_n + \theta h, y(x_n + \theta h)) \tag{2-4}$$

记 $K^* = f[x_n + \theta h, y(x_n + \theta h)]$，则 K^* 称为区间 $[x_n, x_{n+1}]$ 上的平均斜率。下面介绍一种由式（2-4）推导出的平均斜率的算法。

在 Euler 公式中，简单地取点 x_n 的斜率 $K_1 = f(x_n, y_n)$ 作为平均斜率 K^*，精度自然很低。

Euler 公式可以改写成下列平均化的公式：

$$\left.\begin{array}{l} y_{n+1} = y_n + h(c_1 K_1 + c_2 K_2) \\ K_1 = f(x_n, y_n) \\ K_2 = f(x_n, y_n + h K_1) \end{array}\right\} \tag{2-5}$$

式（2-5）可以理解为：用 x_n 与 x_{n+1} 两个点的斜率值 K_1 与 K_2 作为平均斜率 K^*，而 x_{n+1} 处的斜率 K_2 则通过抑制信息 y_n 来预测。

如果能够在区间 $[x_n, x_{n+1}]$ 内多预测几个点，然后把它们的函数值的线性组合 $\varphi(x_n, y_n, h)$ 作为平均斜率 K^*，则有可能构造出具有更高精度的计算公式。下面给出经典二阶 Rung-Kutta 法［式（2-6）］和经典四阶 Rung-Kutta 法［式（2-7）］的计算公式。

$$\left.\begin{array}{l} y_{n+1} = y_n + \dfrac{1}{4} h(K_1 + 3 K_2) \\ K_1 = f(x_n, y_n) \\ K_2 = f\left(x_n + \dfrac{2}{3} h, y_n + \dfrac{2}{3} h K_1\right) \end{array}\right\} \tag{2-6}$$

$$\left.\begin{array}{l} y_{n+1} = y_n + \dfrac{1}{6} h(K_1 + 2 K_2 + 2 K_3 + K_4) \\ K_1 = f(x_n, y_n) \\ K_2 = f\left(x_n + \dfrac{1}{2} h, y_n + \dfrac{1}{2} h K_1\right) \\ K_3 = f\left(x_n + \dfrac{1}{2} h, y_n + \dfrac{1}{2} h K_2\right) \\ K_4 = f(x_n + h, y_n + h K_3) \end{array}\right\} \tag{2-7}$$

下面分别给出二阶 Rung - Kutta 法和四阶 Rung - Kutta 法的源代码：

```
%%% 二阶 Rung-Kutta 法源代码 %%%
function[x,y]=RKutta2(f,x0,y0,xf,h)
% 一阶微分方程函数:f
% 初始条件:x0,y0
% 取值范围的一个端点:xf
% 区间步长:h(默认值为 0.1)
n=fix((xf-x0)/h);
y(1)=y0;
x(1)=x0;
for i=1:n
    x(i+1)=x0+i*h;
    K1=1*feval(f,x(i),y(i));
    K2=1*feval(f,x(i)+(2/3)*h,y(i)+(2/3)*h*K1);
    y(i+1)=y(i)+h*(K1+3*K2)/4;
end
%%% 四阶 Rung - Kutta 法源代码 %%%
function[x,y]=RKutta4(f,x0,y0,xf,h)
% 一阶微分方程函数:f
% 初始条件:x0,y0
% 取值范围的一个端点:xf
% 区间步长:h(默认值为 0.1)
n=fix((xf-x0)/h);
y(1)=y0;
x(1)=x0;
for i=1:n
  x(i+1)=x0+i*h;
  K1=1*feval(f,x(i),y(i));
  K2=1*feval(f,x(i)+(1/2)*h,y(i)+(1/2)*h*K1);
  K3=1*feval(f,x(i)+(1/2)*h,y(i)+(1/2)*h*K2);
  K4=1*feval(f,x(i)+h,y(i)+h*K3);
  y(i+1)=y(i)+h*(K1+2*K2+2*K3+K4)/6;
end
```

下面以例 2-3 具体说明二阶 Rung - Kutta 法和四阶 Rung - Kutta 法分别如何求解微分方程，并对两种方法的精度进行比较。

例 2 - 3：

求解方程 $\begin{cases} y'=x^2-y+1, & 0<x<1 \\ y\,(0)=1, & x=0 \end{cases}$ 的初值问题。

首先建立一个 example2 _ 3. m 的功能函数文件

```
function f=example2_3(x,y)
f=x^2-y+1
```

二阶 Rung‐Kutta 法实现的程序代码如下：

```
>>[x,y]=RKutta2('example2_3',0,1,1,0.1)
```

运行程序，输出如下

x=

| 0 | 0.1000 | 0.2000 | 0.3000 | 0.4000 | 0.5000 | 0.6000 |

y=

| 1.0000 | 1.0003 | 1.0026 | 1.0085 | 1.0196 | 1.0372 | 1.0628 |
| 1.0973 | 1.1420 | 1.1976 | 1.2651 |

四阶 Rung‐Kutta 法实现的程序代码如下：

```
>>[x,y1]=RKutta4('example2_3',0,1,1,0.1)
```

运行程序，输出如下

x=

| 0 | 0.1000 | 0.2000 | 0.3000 | 0.4000 | 0.5000 | 0.6000 |

y1=

| 1.0000 | 1.0003 | 1.0025 | 1.0084 | 1.0194 | 1.0369 | 1.0624 |
| 1.0968 | 1.1413 | 1.1969 | 1.2642 |

将二阶 Rung‐Kutta 法的计算结果以及四阶 Rung‐Kutta 法的计算结果与其解析解 $y=x^2-2e^{-x}-2x+3$ 进行对比，如图 2‐4 所示，二阶 Rung‐Kutta 法、四阶 Rung‐Kutta 法的计算结果都与解析解非常接近，从图 2‐5 可以看出两种方法同解析解的误差情况。

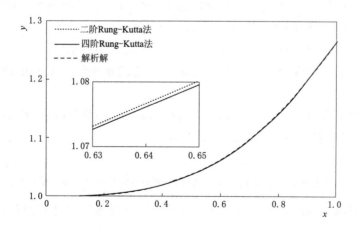

图 2‐4　二阶 Rung‐Kutta 法、四阶 Rung‐Kutta 法与其解析解对比

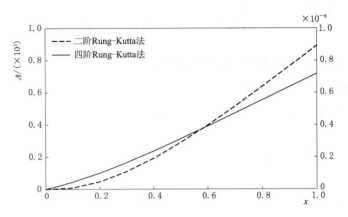

图 2-5　二阶 Rung-Kutta 法、四阶 Rung-Kutta 法与其解析解的误差

2.1.4　水力学中常微分方程问题

明渠恒定渐变流水面线微分方程决定了水面线的具体形式。对于棱柱体明渠其微分方程可表示为

$$\frac{\mathrm{d}h}{\mathrm{d}s} = \frac{i - \dfrac{Q^2}{\left(AC\sqrt{R}\right)^2}}{1 - \dfrac{\alpha Q^2 B}{gA^3}} \tag{2-8}$$

式中：$\mathrm{d}h/\mathrm{d}s$ 为水深 h 对流程 s 的变化率，流程坐标 s 以顺水流方向为正；i 为渠道底坡；Q 为渠道流量；C 为谢才系数；A、R、B 分别为渠道的过水断面面积、水力半径、过水断面水面宽度；α 为动能修正系数；g 为重力加速度。

例 2-4：

一长直棱柱体明渠，底宽 $b = 10\mathrm{m}$，边坡 $m = 1.5$，糙率 $n = 0.022$，通过流量 $Q = 45\mathrm{m}^3/\mathrm{s}$，底坡 $i = 0.0009$。要求计算：

(1) 已知上游控制水深 2.1m，长度为 2800m 渠道的回水线。

(2) 以渠道末端水深为控制水深，反推此渠道的水面线。（采用 Rung-kutta 法计算）

解法一：利用 MATLAB 中现成的库函数 ode45（四阶 Rung-Kutta 法）进行编程计算，ode45 求解微分方程时调用的格式是：

[t,y]=ode45(odefun,tspan,y0,options,parameter1,parameter2);

%　options 是对微分方程添加补充功能的参数,若题目中的微分方程无 options,则需要用空白矩阵[]。

步骤一：根据水面线微分方程式（2-8）编写计算水面线计算函数。

function dh=waterface1(s,h,flag,Q,n,i,b,m)

%flag 是对应 ode45 中 option 空白矩阵的空参数

A=(b+m*h).*h;

```
X=b+2*sqrt(1+m^2)*h;
B=b+2*m*h;
jf=n^2*Q^2*X.^(4/3)./A.^(10/3);
Fr=Q^2*B./9.8./A.^3;
dh=(i-jf)./(1-Fr);
end
```

步骤二： 顺水流方向计算水面线。

```
L=2800;Q=45;b=10;m=1.5;n=0.022;i=0.0009;
inh=2.1;
[s,h]=ode45('waterface1',[0,L],inh,[],Q,n,i,b,m);
plot(s,h);
ylabel('沿程水深 h/m');
xlabel('流程坐标 s/m');
```

步骤三： 逆水流方向计算水面线。

```
[s1,h1]=ode45('waterface1',[L,0],h(end),[],Q,n,i,b,m);
hold on
plot(s1,h1,'r.-');
legend('顺水流方向','逆水流方向');
hold off
```

可得顺水流和逆水流方向的水面线，两种计算结果一致，如图 2-6 所示，说明 Rung-Kutta 法能实现逆区间计算。

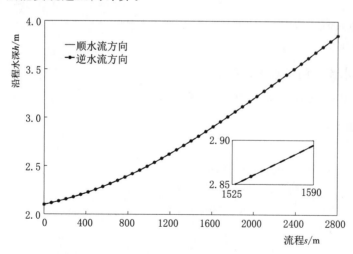

图 2-6　四阶 Rung-Kutta（ode45）的回水线计算

解法二： 利用自编四阶 Rung-Kutta 法进行编程计算。
步骤一： 根据水面线微分方程式（2-7）编写水面线计算函数。

```
function f=water_surface_profile2(x,y)
```

```
A=(10+1.5*y).*y;
X=10+2*sqrt(1+1.5^2)*y;
B=10+2*1.5*y;
jf=0.022^2*45^2*X.^(4/3)./A.^(10/3);
Fr=45^2*B./9.8./A.^3;
f=(0.0009-jf)./(1-Fr)
end
```

步骤二：顺水流方向计算水面线。

>>[x,y]=RKutta4('water_surface_profile2',0,2.1,2800,100)

运行程序，输出如下：

x=

0	100	200	300	400	500	600	700
800	900	1000	1100	1200	1300	1400	1500
1600	1700	1800	1900	2000	2100	2200	2300
2400	2500	2600	2800				

y=

2.1000	2.1250	2.1534	2.1853	2.2208	2.2599	2.3027
2.3491	2.3990	2.4523	2.5086	2.5680	2.6301	2.6947
2.7617	2.8308	2.9019	2.9746	3.0490	3.1248	3.2019
3.2802	3.3595	3.4398	3.5209	3.6028	3.6854	3.7686
3.8524						

>>plot(x,y);

>>ylabel('沿程水深 h/m');

>>xlabel('流程坐标 s/m');

步骤三：逆水流方向计算水面线。

>>[x1,y1]=RKutta4('water_surface_profile2',2800,3.8524,0,-100)

运行程序,输出如下：

x1=

2800	2700	2600	2500	2400	2300	2200	2100
2000	1900	1800	1700	1600	1500	1400	1300
1200	1100	1000	900	800	700	600	500
400	300	200	100	0			

y1=

3.8524	3.7686	3.6854	3.6029	3.5210	3.4399	3.3596
3.2803	3.2020	3.1249	3.0491	2.9747	2.9019	2.8309
2.7618	2.6948	2.6301	2.5680	2.5087	2.4523	2.3991
2.3492	2.3028	2.2599	2.2208	2.1853	2.1534	2.1250
2.1000						

```
>> hold on
>> plot(x1,y1,'r. - -');
>>legend('顺水流方向','逆水流方向');
>> hold off
```

利用该方法也可得顺水流和逆水流方向的水面线，且计算结果一致，如图 2 - 7 所示。

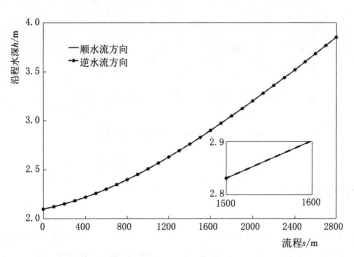

图 2 - 7 自编四阶 Rung - Kutta 的回水线计算

解法三：使用 Matlab 循环语句进行编程计算

```
Sf=2800,S0=0,dS=1,m=1.5,b=10,n=0.022,Q=45,g=9.8,j=0.0009;
N=fix((Sf-S0)/dS);
S(1)=0;
H(1)=2.1;
for i =1:N
    S(i+1)=S(1)+i * dS;
    A(i)=(b+m * H(i)) * H(i);
    X(i)=b+2 * sqrt(1+m^2) * H(i);
    B(i)=b+2 * m * H(i);
    jf(i)=n^2 * Q^2 * X(i)^(4/3)/A(i)^(10/3);
    Fr(i)=Q^2 * B(i)/g/A(i)^3;
    H(i+1)=H(i)+(j-jf(i))./(1-Fr(i)) * dS
end
>>plot(S,H)
```

采用 Matlab 循环语句的方法求解，也可得到同前两种方法相同的结果，结果如图 2 - 8 所示。

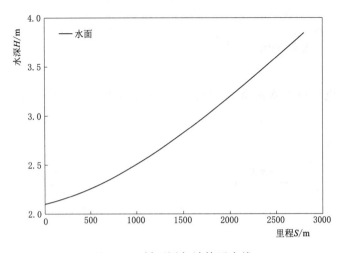

图 2-8 循环语句计算回水线

2.2 线性方程组

对于工程计算而言，求解线性方程组的方法，主要分为直接法和迭代法两种。直接法是在没有舍入误差的假设下，能在预定的运算次数内求得精确解。而实际上，原始数据的误差和运算的舍入误差是不可避免的，实际上获得的也是近似解。

迭代法是构造一定的递推公式，产生逼近精确解的序列。对于高阶方程组，如一些偏微分方程数值求解中出现的方程组，采用直接法计算代价较高，而迭代法简单又实用。

2.2.1 Jacobi 迭代

已知线性方程组 $Ax=b$，记 $A=(a_{ij})$，可以把 A 分解为

$$A=D-L-U \qquad (2-9)$$

其中，

$$D=\mathrm{diag}(a_{11},a_{22},\cdots,a_{nn})$$

$$L=-\begin{bmatrix} 0 & & & \\ a_{21} & 0 & & \\ \vdots & \ddots & \ddots & \\ a_{n1} & \cdots & a_{n,n-1} & 0 \end{bmatrix}, \quad U=-\begin{bmatrix} 0 & a_{12} & \cdots & a_{1n} \\ & 0 & \ddots & \vdots \\ & & \ddots & a_{n-1,n} \\ & & & 0 \end{bmatrix}$$

现假设 D 非奇异，即 $a_{ij}\neq 0$，$i=1$，2，$\cdots$，n。则方程组等价于：

$$x=D^{-1}(L+U)x+D^{-1}b \qquad (2-10)$$

由此构造迭代公式：

$$x^{(k+1)}=B_J x^{(k)}+f_J \quad (k=0,1,\cdots,n) \qquad (2-11)$$

其中，$\boldsymbol{B}_J = \boldsymbol{D}^{-1}(\boldsymbol{L}+\boldsymbol{U}) = 1 - \boldsymbol{D}^{-1}\boldsymbol{A}$，$\boldsymbol{f}_J = \boldsymbol{D}^{-1}\boldsymbol{b}$

以上就为 Jacobi 迭代法。（备注：https：//en. wikipedia. org/wiki/Jacobi_method）

根据 Jacobi 迭代公式，编写 jacobi. m 函数文件，下面给出该函数文件的源代码。

其源代码如下：

```
function[x,k]=jacobi(A,b,x0,tol)
    %  用 Jacobi 迭代法求解方程组 Ax=b
    %  m×n 系数矩阵:A
    %  常数项:b
    %  迭代初始值:x0
    %  计算精度:tol
    %  解向量:x
    %  迭代次数:k
maxd=500；  %迭代的最大限值,超过 500 次给出警告
D=diag(diag(A));
L=-tril(A,-1);  %tril 是提取矩阵下三角矩阵的函数
U=-triu(A,1);  %triu 是提取矩阵上三角矩阵的函数
B=D\(L+U);
f=D\b;
x=B*x0+f;
k=1;
while abs(x-x0)>=tol
        x0=x;
        x=B*x0+f;
        k=k+1;
if(k>=maxd)
        disp('迭代超过 500 次,方程组可能不收敛')
end
end
```

2.2.2 Gauss – Seidel 迭代法

Gauss – Seidel 迭代法主要是对 Jacobi 迭代法进行改进，主要计算公式为

$$x_i^{(k+1)} = \frac{1}{a_{ii}}\left[-\sum_{j=1}^{i-1}a_{ij}x_j^{(k+1)} - \sum_{j=i+1}^{n}a_{ij}x_j^{(k)} + b_i\right], i=1,\cdots,n, \qquad (2-12)$$

展开后为：

$$\left.\begin{array}{l} x_1^{(k+1)} = \dfrac{1}{a_{11}}\left[-a_{12}x_2^{(k)} - a_{13}x_3^{(k)} - \cdots - a_{1n}x_n^{(k)} + b_1\right] \\[2mm] x_2^{(k+1)} = \dfrac{1}{a_{22}}\left[-a_{21}x_1^{(k+1)} - a_{23}x_3^{(k)} - \cdots - a_{2n}x_n^{(k)} + b_2\right] \\[2mm] \vdots \\[2mm] x_n^{(k+1)} = \dfrac{1}{a_{nn}}\left[-a_{n1}x_1^{(k+1)} - a_{n2}x_2^{(k+1)} - \cdots - a_{n,n-1}x_{n-1}^{(k+1)} + b_n\right] \end{array}\right\} \qquad (2-13)$$

其中，$a_{ii} \neq 0$，$i = 1$，2，$\cdots$，n。

以上为 Gauss – Seidel 迭代法。（注：https://en.wikipedia.org/wiki/Gauss – Seidel_method）根据 Gauss – Seidel 迭代公式，编写 gauss_seidel. m 函数文件，下面给出该函数文件的源代码。

其源代码如下：

```
function[x,k]=gauss_seidel(A,b,x0,tol)
    %   用 Gauss-Seidel 迭代法求解方程组 Ax=b
    %   m×n 系数矩阵:A
    %   常数项:b
    %   迭代初始值:x0
    %   计算精度:tol
    %   解向量:x
    %   迭代次数:k
maxd=500;
D=diag(diag(A));
L=-tril(A,-1);
U=-triu(A,1);
G=(D-L)\U;
f=(D-L)\b;
x=G*x0+f;
k=1;
while norm (x-x0)>=tol
        x0=x;
        x=G*x0+f;
        k=k+1;
        if(k>=maxd)
                disp('迭代超过500次,方程组可能不收敛')
        end
end
end
```

为了说明 Jacobi 法与 Gauss – Seidel 法求解过程的不同，并比较两种方法的精度，下面以例 2 – 5 进行说明。

例 2 – 5：

分别用 Jacobi 迭代法和 Gauss – Seidel 迭代法求解下列方程组：

$$\left. \begin{array}{l} 8x_1 - 3x_2 + 2x_3 = 20 \\ 4x_1 + 11x_2 - x_3 = 33 \\ 6x_1 + 3x_2 + 12x_3 = 36 \end{array} \right\}$$

要求其计算精度为 1e – 7。

解法一：使用 Jacobi 迭代法求解。

其实现的程序代码如下：

```
>> format long
>> A=[8 −3 2;4 11 −1;6 3 12];
>> b=[20 33 36]';
>> x0=[0 0 0]';
>>[x,k]=jacobi(A,b,x0,1e−7)
```

运行程序,输出如下

```
x=
    2.999999938140822
    1.999999992490605
    1.000000068497557
k=
    17
```

解法二：使用 Gauss－Seidel 迭代法求解。

其实现的程序代码如下：

```
>> format long
>> A=[8 −3 2;4 11 −1;6 3 12];
>> b=[20 33 36]';
>> x0=[0 0 0]';
>>[x,k]=gauss_seidel(A,b,x0,1e−7)
```

运行程序，输出如下

```
x=
    3.000000006322257
    1.999999998008783
    0.999999997336676
k=
    10
```

通过以上求解结果，可以得知 Jacobi 迭代法与 Gauss－Seidel 迭代法之间的区别，见表 2－1，Gauss－Seidel 迭代法的精度相对更高，迭代次数相对更少。

表 2－1　　　　　　　　　　Jacobi 法与 Gauss－Seidel 法的结果对比

迭代方法	Jacobi	Gauss－Seidel
计算结果精度	(6e－08, 8e－09, 7e－08)	(6e－09, 2e－09, 3e－09)
迭代次数	17	10

2.3 非线性方程组

2.3.1 牛顿法求解非线性方程的解

根据函数 $f(x)$ 在 x_0 处的泰勒级数展开有

$$f(x)=f(x_0)+f'(x_0)(x-x_0)+\frac{f''(\xi)}{2!}(x-x_0)^2 \quad \xi\in[x,x_0] \quad (2-14)$$

如果把 $(x-x_0)^2$ 看作高阶小量,那么

$$f(x)=f(x_0)+f'(x_0)(x-x_0) \quad\quad (2-15)$$

式 (2-15) 近似成立。求 $f(x)=0$ 可以等价计算:

$$f(x_0)+f'(x_0)(x-x_0)=0 \quad\quad (2-16)$$

进一步可以改写成

$$x=x_0-\frac{f(x_0)}{f'(x_0)} \quad\quad (2-17)$$

式 (2-17) 可以写成下面的递推公式:

$$x_k-x_{k-1}\frac{f(x_{k-1})}{f'(x_{k-1})} \quad\quad (2-18)$$

下面以例 2-6 说明牛顿法求解非线性方程的具体步骤,结果如图 2-9 所示。

例 2-6:

计算下面方程在区间 $[0,2]$ 内的解。

$$f(x)=x^3+2x^2+10x-20$$

首先定义计算函数的文件,其代码如下:

步骤一: 编写 Newton_Raphson_method 迭代法函数。

```
function[gen,time]=Newton_Raphson_method(f,x0,tol)
    % f 为所定义的函数
    % x0 为计算初始值
    % tol 为计算精度
if(nargin==2)    %定义默认精度
        tol=1e-5;
end
%%% 计算原函数导数 %%%
df=diff(sym(f));
x1=x0;
time=0;
error=0.1;    %  给定一个误差初值,以便进入循环计算
    while(error > tol)
        time=time+1;
```

```
        fx＝subs(str2sym(f),x1);
        df＝subs(df,x1);
        gen＝x1－fx/df;
        error＝abs(gen－x1);
        x1＝gen;
    end
end
```

步骤二： 编写主函数。

```
disp('使用 Newton－Raphson－method 迭代情况')
[x,time]＝Newton_Raphson_method('x^3＋2＊x^2＋10＊x－20',1.5,1e－4);
disp('迭代次数')
time
disp('所求解')
x＝vpa(x,6)
％％％ 画出函数图像与 X 轴交点情况 ％％％
x＝0:0.001:2;
y＝x.^3＋2＊x.^2＋10＊x－20;
plot(x,y)
```

步骤三： 运行可得

```
x＝
    1.36881
time＝
    4
```

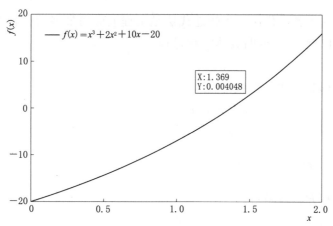

图 2－9　Newton－Raphson 迭代法函数与 x 轴的交点情况

2.3.2　非线性方程组的牛顿迭代法

和非线性方程解法类似，非线性方程组的牛顿迭代法是相当重要也是相当基础的方法。很多重要算法也是在此基础上进行演变而得到的。

对于非线性方程组：

$$f = \begin{bmatrix} f_1(x_1, x_2, \cdots, x_n) \\ f_2(x_1, x_2, \cdots, x_n) \\ \vdots \\ f_n(x_1, x_2, \cdots, x_n) \end{bmatrix} \qquad (2-19)$$

在 $x^{(k)}$ 处按照多元函数的泰勒级数展开，并取线性项得到：

$$\begin{bmatrix} f_1^{(k)}(x_1^{(k)}, x_2^{(k)}, \cdots, x_n^{(k)}) \\ f_2^{(k)}(x_1^{(k)}, x_2^{(k)}, \cdots, x_n^{(k)}) \\ \vdots \\ f_n^{(k)}(x_1^{(k)}, x_2^{(k)}, \cdots, x_n^{(k)}) \end{bmatrix} + f'(x^{(k)}) \begin{bmatrix} x_1^{(k+1)} - x_1^{(k)} \\ x_2^{(k+1)} - x_2^{(k)} \\ \vdots \\ x_n^{(k+1)} - x_n^{(k)} \end{bmatrix} = \mathbf{0} \qquad (2-20)$$

其中

$$f'(x^{(k)}) = \begin{bmatrix} \dfrac{\partial f_1}{\partial x_1} & \cdots & \dfrac{\partial f_1}{\partial x_n} \\ \vdots & & \vdots \\ \dfrac{\partial f_n}{\partial x_1} & \cdots & \dfrac{\partial f_n}{\partial x_n} \end{bmatrix}$$

这样便可得到迭代公式：

$$\begin{bmatrix} x_1^{(k+1)} \\ x_2^{(k+1)} \\ \vdots \\ x_n^{(k+1)} \end{bmatrix} = \begin{bmatrix} x_1^{(k)} \\ x_2^{(k)} \\ \vdots \\ x_n^{(k)} \end{bmatrix} - [f'(x^{(k)})]^{-1} \begin{bmatrix} f_1^{(k)}(x_1^{(k)}, x_2^{(k)}, \cdots, x_n^{(k)}) \\ f_2^{(k)}(x_1^{(k)}, x_2^{(k)}, \cdots, x_n^{(k)}) \\ \vdots \\ f_n^{(k)}(x_1^{(k)}, x_2^{(k)}, \cdots, x_n^{(k)}) \end{bmatrix} \qquad (2-21)$$

这就是著名的牛顿迭代法，牛顿迭代法是工程上应用最多的一种非线性方程组的计算方法，下面以例 2-7 说明具体求解过程。

例 2-7：

用牛顿迭代法计算非线性方程组：

$$\left.\begin{array}{r} x_1{}^2 - 10x_1 + x_2{}^2 + 8 = 0 \\ x_1 x_2{}^2 + x_1 - 10x_2 + 8 = 0 \end{array}\right\}$$

初值取 $\begin{bmatrix} x \\ y \end{bmatrix} = \begin{bmatrix} 0 \\ 0 \end{bmatrix}$，精度为 1e-5。

步骤一：编写方程组函数。

```
function[f,x]=fun
syms x1 x2;
x=[x1 x2];    %    x 为函数变量
f1=x1^2-10 * x1+x2^2+8;
f2=x1 * x2^2+x1-10 * x2+8;
```

f＝[f1;f2]； ％ f 为所定义的函数

以文件名 fun. m 保存。

步骤二：编写牛顿迭代法的基本程序。

```
function[X,time]＝newton(x0,eps,N)
％  x0 为初始值
％  eps 为允许误差
％  N 为最大迭代次数
[f,x]＝fun；
n＝length(x)；
for i＝1:n
        df(:,i)＝diff(f,x(i))； ％  按列依次求偏导
end
time＝0；
while(time<＝N)  ％  进行迭代过程
        fx＝f；
        dfx＝df；
for i＝1:n
        fx＝subs(fx,x(i),x0(i))；
end
for i＝1:n
        dfx＝subs(dfx,x(i),x0(i))； ％  将初始值赋入,计算函数值
end
fx＝eval(fx)；
dfx＝eval(dfx)；
X＝x0－dfx\fx；
time＝time＋1；
error＝norm(X－x0)； ％  计算误差
if error<eps  ％  与允许误差进行比较
    break；
end
    x0＝X；
end
if time>N
    warning('超出迭代的次数')；
end
```

以文件名 newton. m 保存。

步骤三：运行程序。

```
[X,time]＝newton([0;0],1e－5,100)
X＝
```

1.0000

1.0000

time＝

5

2.4　偏微分方程

偏微分方程的数值解法在数值分析中占有重要的地位，很多科学技术问题的数值计算包括了偏微分方程的数值解问题。本节主要介绍利用有限差分法来求解偏微分方程问题。

2.4.1　有限差分法的差分格式

用有限差分法求解偏微分方程问题必须把连续问题离散化。为此首先要对求解区域进行网格划分，由于求解的问题各不相同，因此求解区域也不尽相同。下面用具体例子来说明不同区域的划分，并引入一些常用术语。

比如，双曲型方程和抛物型方程的初值问题，其求解区域是

$$D_1 = \{(x,t) \mid -\infty < x < +\infty, t \geq 0\}$$

我们在 $x-t$ 的上平面画出两组平行于坐标轴的直线，把上半平面分成矩形网格。这样的直线称作网格线，其交点称为网格点或节点。一般来说，平行于 t 轴的直线可以是等距的，可设距离为 $\Delta x > 0$，有时也记为 h，称其为空间步长；而平行于 x 轴的直线则大多是不等距的，往往要根据具体问题而定。在此为简单起见也假定是等距的，设距离为 $\Delta t > 0$，有时也记 τ，称其为时间步长。这样两组网格线可以写为

$$x = x_i = i\Delta x = ih, i = 0, \pm 1, \pm 2, \cdots$$
$$t = t_n = n\Delta t = n\tau, n = 0, 1, 2, \cdots$$

网格节点 (x_i, t_n) 有时简记为 (i, n)。D_1 的网格划分如图 2-10 所示。

2.4.2　用 Taylor 级数展开方法建立差分格式

用有限差分方法近似求解偏微分方程问题有多种多样的方法，并且也可以用不同的构造方法来建立这些有限差分法。用 Taylor 级数展开方法是最常用的方法，下面在建立差分格式的同时引入一些基本概念及术语。

对流方程的初值问题：

$$\left.\begin{array}{l} \dfrac{\partial u}{\partial t} + a\dfrac{\partial u}{\partial x} = 0, x \in \mathbf{R}, t > 0, a > 0 \\ u(x,0) = g(x), x \in \mathbf{R} \end{array}\right\} \tag{2-22}$$

扩散方程的初值问题：

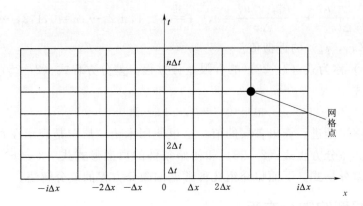

图 2-10 有限差分法网格划分示意图

$$\left.\begin{array}{l}\dfrac{\partial u}{\partial t}=a\dfrac{\partial^2 u}{\partial x^2},x\in\mathbf{R},t>0,a>0\\[2mm]u(x,0)=g(x),x\in\mathbf{R}\end{array}\right\}\qquad(2-23)$$

现主要以上述两方面来进行讨论。

假定偏微分方程初值问题的解 $u(x,t)$ 是充分光滑的，由 Taylor 级数展开为

$$\left.\begin{array}{l}\dfrac{u(x_i,t_{n+1})-u(x_i,t_n)}{\Delta t}=\left[\dfrac{\partial u}{\partial t}\right]_i^n+\mathrm{O}(\Delta t)\\[3mm]\dfrac{u(x_i,t_{n+1})-u(x_i,t_{n-1})}{2\Delta t}=\left[\dfrac{\partial u}{\partial t}\right]_i^n+\mathrm{O}((\Delta t)^2)\\[3mm]\dfrac{u(x_{i+1},t_n)-u(x_i,t_n)}{\Delta x}=\left[\dfrac{\partial u}{\partial x}\right]_i^n+\mathrm{O}(\Delta x)\\[3mm]\dfrac{u(x_i,t_n)-u(x_{i-1},t_n)}{\Delta x}=\left[\dfrac{\partial u}{\partial x}\right]_i^n+\mathrm{O}(\Delta x)\\[3mm]\dfrac{u(x_{i+1},t_n)-u(x_{i-1},t_n)}{2\Delta x}=\left[\dfrac{\partial u}{\partial x}\right]_i^n+\mathrm{O}((\Delta x)^2)\\[3mm]\dfrac{u(x_{i+1},t_n)-2u(x_i,t_n)+u(x_{i-1},t_n)}{(\Delta x)^2}=\left[\dfrac{\partial^2 u}{\partial x^2}\right]_i^n+\mathrm{O}((\Delta x)^2)\end{array}\right\}\qquad(2-24)$$

式中：$[\,\bullet\,]_i^n$ 为括号内的函数在节点 (x_i,t_n) 处取的值。

利用式 (2-24) 中的第 1 式和第 3 式有：

$$\dfrac{u(x_i,t_{n+1})-u(x_i,t_n)}{\Delta t}+a\dfrac{u(x_{i+1},t_n)-u(x_i,t_n)}{\Delta x}=\left[\dfrac{\partial u}{\partial t}+a\dfrac{\partial u}{\partial x}\right]_i^n+o(\Delta x+\Delta t)$$

如果 $u(x,t)$ 是满足偏微分方程 (2-22) 的光滑解，则

$$\left[\dfrac{\partial u}{\partial t}+a\dfrac{\partial u}{\partial x}\right]_i^n=0$$

由此可以看出，偏微分方程式 (2-22) 在节点 (x_i,t_n) 处可近似地用下面的方程来代替：

$$\frac{u_i^{n+1}-u_i^n}{\Delta t}+a\,\frac{u_{i+1}^n-u_i^n}{\Delta x}=0,\quad i=0,\pm 1,\pm 2,\cdots;n=0,1,2,\cdots \tag{2-25}$$

式中：u_i^n 为 $u(x_i,\ t_n)$ 的近似值。

式（2-25）称为式（2-22）的有限差分方程。差分方程式（2-25）再加上初始条件的离散形式

$$u_i^0=0,i=0,\pm 1,\pm 2,\cdots \tag{2-26}$$

就可以按时间逐层推进，算出各层的值。这里使用术语"层"是表示在直线 $t=n\tau$ 上网格点的整体。差分方程式（2-25）和初始条件的离散形式式（2-26）结合在一起就构成了一个差分格式。下面将介绍几种常见偏微分方程的差分解法。

2.4.3　椭圆型偏微分方程

拉普拉斯方程是最简单的椭圆型偏微分方程，下面以拉普拉斯方程为例，讲述其数值解法，拉普拉斯方程的形式为

$$\frac{\partial^2 u}{\partial x^2}+\frac{\partial^2 u}{\partial y^2}=0 \tag{2-27}$$

其边界条件有以下三种提法：

（1）固定边界条件：$u|_\Gamma=U_1(x,y)$，即在边界 Γ 上给定 u 的值 $U_1(x,\ y)$。

（2）给定法向导数的边界条件：$\frac{\partial u}{\partial n}|_\Gamma=U_2(x,y)$，即在边界 Γ 上给定 u 的法向导数值 $U_2(x,\ y)$。

（3）混合边界条件：$\left(\frac{\partial u}{\partial n}+ku\right)|_\Gamma=U_3(x,y)$，即在边界 Γ 上，u 和 u 的法向导数值相加 $U_3(x,\ y)$。

其中第一种边界条件的提法最为普遍，下面以第一种边界条件为例，介绍椭圆型偏微分方程常用的五点差分格式和工字型差分格式的解法。

2.4.3.1　五点差分格式

五点差分格式是最常用的格式，其形式为

$$u_{i+1,j}+u_{i-1,j}+u_{i,j+1}+u_{i,j-1}=4u_{i,j} \tag{2-28}$$

式（2-28）涉及的网格点如图 2-11 所示。

图 2-11 是将方程求解域用网格点离散后取相邻的五个节点，这五个节点处的函数值满足差分格式 $u_{i+1,j}+u_{i-1,j}+u_{i,j+1}+u_{i,j-1}=4u_{i,j}$。

五点差分格式用来求解下列边值问题：

$$\left.\begin{aligned}
&\frac{\partial^2 u}{\partial x^2}+\frac{\partial^2 u}{\partial y^2}=0\\
&u(x_1,y)=g_1(y),u(x_2,y)=g_2(y)\\
&u(x,y_1)=f_1(x),u(x,y_2)=f_2(x)\\
&x_1\leqslant x\leqslant x_2,y_1\leqslant y\leqslant y_2
\end{aligned}\right\} \tag{2-29}$$

式中：$g_1(y)$ 和 $g_2(y)$ 为关于 y 的函数；$f_1(x)$ 和 $f_2(x)$ 为关于 x 的函数。

用五点差分格式求解拉普拉斯方程的算法过程介绍如下：

（1）对求解区域进行分割：将 $x_{\min} \leqslant x \leqslant x_{\max}$ 范围内的 x 轴等分为 NX 段，将 $y_{\min} \leqslant y \leqslant y_{\max}$ 范围内的 y 轴等分为 NY 段。

（2）将边界条件离散到节点上。

（3）用五点差分格式建立求解方程，求出各个节点的函数值。

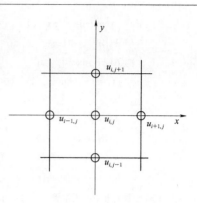

图 2 - 11　五点差分格式的网格点图

在 Matlab 中编写实现五点差分格式的函数：peEllip5

功能：用五点差分格式求解拉普拉斯方程的边值问题

调用格式：u＝peEllip5（nx，minx，maxx，ny，miny，maxy）

其中，nx 及 ny 为 x 方向和 y 方向的节点数；minx 及 maxx 为求解区域 x 的范围；miny 及 maxy 为求解区域 y 的范围；u 为求解区域上的数值解。

五点差分格式求解拉普拉斯方程边值问题的 Matlab 程序代码如下：

```
function u＝peEllip5(nx,minx,maxx,ny,miny,maxy)
format long;
hx＝(maxx−minx)/(nx−1);%    x 方向的步长
hy＝(maxy−miny)/(ny−1);%    y 方向的步长
u0＝zeros(nx,ny);
for j＝1:ny
    u0(j,1)＝EllIni2Uxl(minx,miny+(j−1) * hy);
%    EllIni2Uxl 为创建的边界函数
    u0(j,nx)＝EllIni2Uxr(maxx,miny+(j−1) * hy);
end
for j＝1:nx
    u0(1,j)＝EllIni2Uyl(minx+(j−1) * hx,miny);
    u0(ny,j)＝EllIni2Uyr(minx+(j−1) * hx,maxy);
end
A＝−4 * eye((nx−2) * (ny−2),(nx−2) * (ny−2));
b＝zeros((nx−2) * (ny−2),1);
for i＝1:(nx−2) * (ny−2)
    if mod(i,nx−2)＝＝1    %    mod(a,b)函数为 a 除以 b 的余数
        if i＝＝1
        A(1,2)＝1;
        A(1,nx−1)＝1;
        b(1)＝−u0(1,2)−u0(2,1);%    左下边界节点的离散
    else
```

```
        if i==(ny-3)*(nx-2)+1
            A(i,i+1)=1;
            A(i,i-nx+2)=1;
            b(i)=-u0(ny-1,1)-u0(ny,2);%   左上边界节点的离散
        else
            A(i,i+1)=1;
            A(i,i-nx+2)=1;
            A(i,i+nx-2)=1;
            b(i)=-u0(floor(i/(nx-2))+2,1);%靠近左边界点的离散
%    floor(x)函数将 x 中元素取整
        end
    end
else
    if mod(i,nx-2)==0
        if  i==nx-2
            A(i,i-1)=1;
            A(i,i+nx-2)=1;
            b(i)=-u0(1,nx-1)-u0(2,nx);%右下边界节点的离散
        else
            if i==(ny-2)*(nx-2)
                A(i,i-1)=1;
                A(i,i-nx+2)=1;
                b(i)=-u0(ny-1,nx)-u0(ny,nx-1);
                    %   右上边界节点的离散
            else
                A(i,i-1)=1;
                A(i,i-nx+2)=1;
                A(i,i+nx-2)=1;
                b(i)=-u0(floor(i/(nx-2))+1,nx);%靠近右边界点的离散
            end
        end
    else
        if i>1 && i< nx-2
            A(i,i-1)=1;
            A(i,i+nx-2)=1;
            A(i,i+1)=1;
            b(i)=-u0(1,i+1);%   靠近下边界点的离散
        else
            if i >(ny-3)*(nx-2)&& i <(ny-2)*(nx-2)
                A(i,i-1)=1;
                A(i,i-nx+2)=1;
```

```
                A(i,i+1)=1；
                b(i)=-u0(ny,mod(i,(nx-2))+1)；%靠近上边界点的离散
            else
                A(i,i-1)=1；
                A(i,i+1)=1；
                A(i,i+nx-2)=1；
                A(i,i-nx+2)=1；   %   与边界无关的内部点离散
            end
        end
    end
end
end
ul=A\b；
        u(i,j)=ul((i-1)*(nx-2)+j)；
    end
end
format short；
```

下面以例 2-8 说明用五点差分格式求解拉普拉斯方程边值问题的步骤，运行结果如图 2-12 所示。

例 2-8:

用五点差分格式求解下面拉普拉斯方程的边值问题:

$$\left. \begin{array}{l} \dfrac{\partial^2 u}{\partial x^2}+\dfrac{\partial^2 u}{\partial y^2}=0 \\[2mm] u(0,y)=0,u(2,y)=y(2-y) \\[2mm] u(x,0)=0,u(x,2)=\begin{cases} x,x<1 \\ 2-x,x>1 \end{cases} \\[2mm] 0\leqslant x\leqslant 2,0\leqslant y\leqslant 2 \end{array} \right\}$$

其中空间步长取 0.04。

步骤一: 先建立 4 个 M 文件，以建立边界条件:

```
function uxy=EllIni2Uxl(x,y)
format long；
uxy=0；
function uxy=EllIni2Uxr(x,y)
format long；
uxy=y*(2-y)；
function uxy=EllIni2Uyl(x,y)
format long；
uxy=0；
```

```
function uxy=EllIni2Uyr(x,y)
format long;
if x < 1
    uxy=x;
    else
    uxy=2-x;
```

步骤二： 然后在 Maltab 窗口输入下列命令，求出结果并作图：

```
u=peEllip5(51,0,2,51,0,2);
x=0.04:0.04:2-0.04;
y=x;
[xx yy]=meshgrid(x,y);    %meshgrid 为用于生成网格采样点的函数
mesh(xx,yy,u)
```

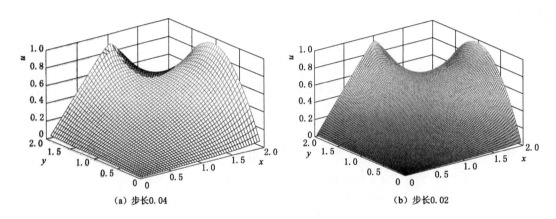

图 2-12　例 2-8 中方程在求解域上的场函数值图

(a) 步长0.04　　　　　　　　(b) 步长0.02

如果网格更密的话，会得到更加光滑的曲面，如图 2-12（b）所示。

2.4.3.2　工字型差分格式

工字型差分格式为

$$u_{i+1,j+1}+u_{i-1,j-1}+u_{i-1,j+1}+u_{i+1,j-1}=4u_{i,j}$$

$$(2-30)$$

式（2-30）涉及的网格点如图 2-13 所示。

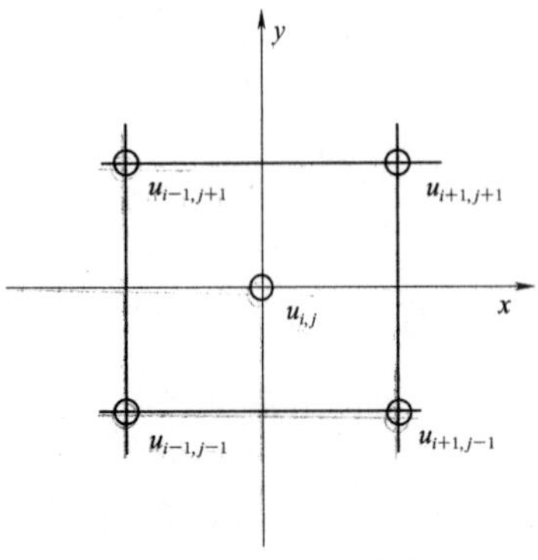

图 2-13 是将方程求解域用网格点离散后取相邻的五个节点，这五个节点处的函数值满足差分格式 $u_{i+1,j+1}+u_{i-1,j-1}+u_{i-1,j+1}+u_{i+1,j-1}=4u_{i,j}$。其算法过程与五点差分格式相同。

工字型差分格式求解拉普拉斯方程边值问题的 MATLAB 程序代码如下：

图 2-13　工字型差分格式的
网格点图

```
function u=gongpeEllip5(nx,minx,maxx,ny,miny,maxy)
format long;
hx=(maxx-minx)/(nx-1);%   x方向的步长
hy=(maxy-miny)/(ny-1);%   y方向的步长
u0=zeros(nx,ny);
for j=1:ny
    u0(j,1)=EllIni2Uxl(minx,miny+(j-1)*hy);
    %   EllIni2Uxl 为创建的边界函数
    u0(j,nx)=EllIni2Uxr(maxx,miny+(j-1)*hy);
end
for j=1:nx
    u0(1,j)=EllIni2Uyl(minx+(j-1)*hx,miny);
    u0(ny,j)=EllIni2Uyr(minx+(j-1)*hx,maxy);
end
A=-4*eye((nx-2)*(ny-2),(nx-2)*(ny-2));
b=zeros((nx-2)*(ny-2),1);
for i=1:(nx-2)*(ny-2)
    if mod(i,nx-2)==1   %   mod(a,b)函数为a除以b的余数
        if i==1
            A(1,nx)=1;
            b(1)=-u0(3,1)-u0(1,1)-u0(1,3);%   左下边界节点的离散
        else
            if i==(ny-3)*(nx-2)+1
                A(i,i-nx+3)=1;
                b(i)=-u0(ny,1)-u0(ny-2,1)-u0(ny,3);
                %左上边界节点的离散
            else
                A(i,i-nx+3)=1;
                A(i,i+nx-1)=1;
                b(i)=-u0(floor(i/(nx-2))+3,1)-u0(floor(i/(nx-2))+1,1);
                %靠近左边界点的离散
                % floor(x)函数将 x 中元素取整
            end
        end
    else
        if mod(i,nx-2)==0
            if i==nx-2
                A(i,i+nx-1)=1;
                b(i)=-u0(1,nx)-u0(1,nx-2)-u0(3,nx);
                %右下边界节点的离散
            else
```

```
            if i==(ny-2)*(nx-2)
                A(i,i-nx+1)=1;
                b(i)=-u0(ny-2,nx)-u0(ny,nx-2)-u0(ny,nx);
                %右上边界节点的离散
            else
                A(i,i-nx+1)=1;
                A(i,i+nx-3)=1;
                b(i)=-u0(floor(i/(nx-2)),nx)-u0(floor(i/…
                    (nx-2))+2,nx);%靠近右边界点的离散
            end
        end
    else
        if i>1 && i< nx-2
            A(i,i+nx-1)=1;
            A(i,i+nx-3)=1;
            b(i)=-u0(1,i)-u0(1,i+2);%  靠近下边界点的离散
        else
            if i >(ny-3)*(nx-2)&& i <(ny-2)*(nx-2)
                A(i,i-nx+3)=1;
                A(i,i-nx+1)=1;
                b(i)=-u0(ny,mod(i,(nx-2)))-u0(ny,mod(i,(nx-2))+2);
                    %靠近上边界点的离散
            else
                A(i,i+nx-3)=1;
                A(i,i+nx-1)=1;
                A(i,i-nx+1)=1;
                A(i,i-nx+3)=1;
                %与边界无关的内部点离散
            end
        end
    end
  end
end
ul=A\b;
for i=1:(ny-2)
    for j=1:(nx-2)
        u(i,j)=ul((i-1)*(nx-2)+j);
    end
end
format short;
```

2.4.4 双曲线型偏微分方程

对流方程是最简单的双曲线型偏微分方程，下面以一维、二维对流方程为例，讲述其数值解法。对流方程研究得比较详细，而且其差分格式是解决各种复杂双曲线偏微分方程的基础。

2.4.4.1 一维对流方程

一维对流方程的形式为

$$\frac{\partial u}{\partial t}+a\,\frac{\partial u}{\partial x}=0, x\in(-\infty,+\infty), t>0, a \text{ 为常数} \qquad (2-31)$$

如果给定初始条件：

$$u(x,0)=U(x) \qquad (2-32)$$

则一维对流方程的通解为

$$u(x,t)=U(x-at), x\in(-\infty,+\infty), t>0 \qquad (2-33)$$

一维对流方程形式简单，其差分格式非常多，常见的有迎风格式、拉克斯-弗里德里希斯格式、拉克斯-温德洛夫格式、比姆-沃明格式、Richtmyer 多步格式和 MacCormack 多步格式，下面分别进行讲述。

（1）迎风格式（Upwind scheme）。其形式为

$$\frac{u_i^{n+1}-u_i^n}{\Delta t}+\frac{a}{\Delta x}(u_i^n-u_{i-1}^n)=0, a>0$$

$$\frac{u_i^{n+1}-u_i^n}{\Delta t}+\frac{a}{\Delta x}(u_{i+1}^n-u_i^n)=0, a<0 \qquad (2-34)$$

式中：Δt 为时间步长；Δx 为空间步长。

以 $a>0$ 为例，当用迎风格式求解对流方程时，在计算求解区域的左端点处的下一个时刻的函数值时，要用到左端点的左边一个节点的值，因此必须向左延伸一个节点，才能计算下一个时刻的左端点的函数值，如此得出，M 个时间步长的迎风格式，应向左延伸 M 个节点函数值。

迎风格式求解一维对流方程问题的 Matlab 程序代码如下：

```
functionu=peHypbYF(a,dt,n,minx,maxx,M)
%方程中的常数:a
%时间步长:dt
%空间节点的个数:n
%求解区间的左端:minx
%求解区间的右端:maxx
%时间步的个数:M
%求解区间上的数值解:u
h=(maxx-minx)/(n-1);  %空间节点的步长
if a>0
    for j=1:(n+M)
```

```
        u0(j)＝IniU(minx+(j－M－1) * h)；    ％调用函数 IniU(x)
    end
else
    for j＝1：(n+M)
        u0(j)＝IniU(minx+(j－1) * h)；
    end
end
u1＝u0；
for k＝1：M
    if a＞0
        for i＝(k+1)：(n+M)；
            u1(i)＝－dt * a * (u0(i)－u0(i－1))/h+u0(i)；
        end
    else
        for i＝1；n+M－k
          u1(i)＝－dt * a * (u0(i+1)－u0(i))/h+u0(i)；
        end
    end
    u0＝u1；
end
if a＞0
    u＝u1((M+1)：(M+n))；
else
    u＝u1(1：n)；
end
```

下面以例 2－9 说明用迎风格式求解一维对流方程问题的步骤，运行结果如图 2－14 所示。

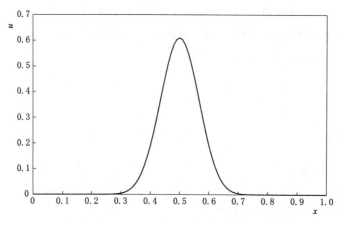

图 2－14　$t＝0.5$ 时刻的 u 值

例 2 - 9：用迎风格式求解下面一维对流方程的初值问题：

$$\left.\begin{array}{l}\dfrac{\partial u}{\partial t}+\dfrac{\partial u}{\partial x}=0,x\in(-\infty,\infty),t>0\\[2mm]u(x,0)=U(x),x\in(-\infty,\infty)\end{array}\right\}$$

其中时间步长取 0.005，求解区间为 [0，1]，空间步长取 0.01，求出当 $t=$ 0.5（即 100 个时间步）时的 u 随 x 的分布图。

$$U(x)=\begin{cases}10x+1, & -0.1\leqslant x<0\\-10x+1, & 0\leqslant x\leqslant 0.1\\0, & \text{其余}\end{cases}$$

步骤一：先建立 1 个 IniU. m 的 MATLAB 文件：

```
function ux=IniU(x)
if x<=0
    if x>=-0.1
        ux=10*(x+0.1);
    else
        ux=0;
    end
else
    if x<=0.1
        ux=-10*(x-0.1);
    else
        ux=0;
    end
end
```

步骤二：在 MATLAB 窗口输入下列命令：

```
u=peHypbYF(1,0.005,101,0,1,100);
x=0:0.01:1;
plot(x,u)
```

当 $t=0\sim0.5s$ 迎风格式求解一维对流方程问题的 Matlab 程序代码如下：

```
x=0:0.01:1;
for M=0:2:100
    u=peHypbYF(1,0.005,101,0,1,M);
    drawnow;
    plot(x,u,'linewidth',1.25);
    set(gca,'xtick',0:0.1:1)
    set(gca,'ytick',0:0.1:1)
axis([0,1,0,1]);
set(gca,'FontName','Times New Roman','FontSize',15,'LineWidth',1);
```

```
    xlabel('\itx','fontname','Times New Roman','fontsize',20)
ylabel('\itu','fontname','Times New Roman','fontsize',20)
set(gca,'yTickLabel',num2str(get(gca,'yTick')','%.1f'))
set(gca,'xTickLabel',num2str(get(gca,'xTick')','%.1f'))
    F=getframe(gcf);
    I=frame2im(F);
    [I,map]=rgb2ind(I,256);
    if M==0
        imwrite(I,map,'test.gif','gif','Loopcount',inf,'DelayTime',1)
    else
        imwrite(I,map,'test.gif','gif','WriteMode','append','DelayTime',1)
    end
end
```

（2）拉克斯-弗里德里希斯格式（Lax - Friedrichs scheme）。其形式为

$$\frac{u_i^{n+1}-\frac{1}{2}(u_{i+1}^n+u_{i-1}^n)}{\Delta t}+\frac{a}{2\Delta x}(u_{i+1}^n-u_{i-1}^n)=0 \qquad (2-35)$$

式中：Δt 为时间步长；Δx 为空间步长。

当用拉克斯-弗里德里希斯格式求解对流方程时，在计算求解区域的左端点和右端点处的下一个时刻的函数值时，分别要用到左端点左边一个节点的值和右端点右边一个节点的值，因此每个时间步长都必须向左延伸一个节点，向右延伸一个节点，才能计算下一个时刻的左端点的函数值和右端点的函数值，如此得出，M 个时间步长的拉克斯-弗里德里希斯格式，应向左延伸 M 个节点函数值，向右延伸 M 个节点函数值。

拉克斯-弗里德里希斯格式求解一维对流方程问题的 Matlab 程序代码如下：

```
function u=peHypbLax(a,dt,n,minx,maxx,M)
%方程中的常数:a
%时间步长:dt
%空间节点的个数:n
%求解区间的左端:minx
%求解区间的右端:maxx
%时间步的个数:M
%求解区间上的数值解:u
h=(maxx-minx)/(n-1);   %空间节点的步长
for j=1:(n+2*M)
    u0(j)=IniU(minx+(j-M-1)*h);   %  调用函数 IniU(x)
end
u1=u0;
for k=1:M
```

```
for i＝(k+1):(n+2*M−k)
    u1(i)＝−dt*a*(u0(i+1)−u0(i−1))/(2*h)+(u0(i+1)+u0(i−1))/2;
end
u0＝u1;
end
u＝u1((M+1):(M+n));
```

（3）拉克斯-温德洛夫格式（Lax‐Wendroff scheme）。其形式为

$$\frac{u_i^{n+1}-u_i^n}{\Delta t}+\frac{a}{2\Delta x}(u_{i+1}^n-u_{i-1}^n)-\frac{\Delta t*a^2}{2(\Delta x)^2}(u_{i+1}^n-2u_i^n+u_{i-1}^n)=0 \qquad (2-36)$$

式中：Δt 为时间步长；Δx 为空间步长。

拉克斯-温德洛夫格式求解一维对流方程问题的 Matlab 程序代码如下：

```
function u=peHypbLaxW(a,dt,n,minx,maxx,M)
%方程中的常数:a
%时间步长:dt
%空间节点的个数:n
%求解区间的左端:minx
%求解区间的右端:maxx
%时间步的个数:M
%求解区间上的数值解:u
h＝(maxx−minx)/(n−1);    %空间节点的步长
for j＝1:(n+2*M)
    u0(j)＝IniU(minx+(j−M−1)*h);    %  调用函数 IniU(x)
end
u1＝u0;
for k＝1:M
    for i＝(k+1):(n+2*M−k)
        u1(i)＝dt*dt*a*a*(u0(i+1)−2*u0(i)+ u0(i−1))/(2*h*h)…
            −dt*a*(u0(i+1)−u0(i−1))/(2*h)+ u0(i);
    end
    u0＝u1;
end
u＝u1((M+1):(M+n));
```

（4）比姆-沃明格式（Beam‐Warming scheme）。其形式为

$$\frac{u_i^{n+1}-u_i^n}{\Delta t}+\frac{a}{\Delta x}(u_i^n-u_{i-1}^n)+\frac{a}{2\Delta x}\left(1-\frac{a*\Delta t}{\Delta x}\right)(u_i^n-2u_{i-1}^n+u_{i-2}^n)=0 \qquad (2-37)$$

式中：Δt 为时间步长；Δx 为空间步长。

比姆-沃明格式求解一维对流方程问题的 Matlab 程序代码如下：

```
function u＝peHypbBW(a,dt,n,minx,maxx,M)
%方程中的常数:a
```

```
%时间步长:dt
%  空间节点的个数:n
%  求解区间的左端:minx
%  求解区间的右端:maxx
%  时间步的个数:M
%  求解区间上的数值解:u
h＝(maxx－minx)/(n－1)；  %  空间节点的步长
for j＝1:(n＋2＊M)
    u0(j)＝IniU(minx＋(j－2＊M－1)＊h)；  %  调用函数 IniU(x)
end
u1＝u0；
for k＝1:M
    for i＝(2＊k+1):(n＋2＊M)
        u1(i)＝－dt＊a＊(u0(i)－u0(i－1))/h－dt＊a＊(1－a＊dt/h)…
              ＊(u0(i)－2＊u0(i－1)＋u0(i－2))/(2＊h)＋u0(i)；
end
    u0＝u1；
end
u＝u1((2＊M＋1):(2＊M＋n))；
```

（5）Richtmyer 多步格式（Richtmyer multi-step scheme）。其形式为

$$\frac{u_i^{n+\frac{1}{2}}-\frac{1}{2}(u_{i+1}^n+u_{i-1}^n)}{\frac{\Delta t}{2}}+\frac{a}{2\Delta x}(u_{i+1}^n-u_{i-1}^n)=0$$

$$\frac{u_i^{n+1}-u_i^n}{\Delta t}+\frac{a}{2\Delta x}(u_{i+1}^{n+\frac{1}{2}}-u_{i-1}^{n+\frac{1}{2}})=0 \qquad (2-38)$$

式中：Δt 为时间步长；Δx 为空间步长。

Richtmyer 多步格式求解一维对流方程问题的 Matlab 程序代码如下：

```
function u＝peHypbRich(a,dt,n,minx,maxx,M)
%方程中的常数:a
%时间步长:dt
%空间节点的个数:n
%求解区间的左端:minx
%  求解区间的右端:maxx
%  时间步的个数:M
%  求解区间上的数值解:u
h＝(maxx－minx)/(n－1)；  %  空间节点的步长
for j＝1:(n＋4＊M)
    u0(j)＝IniU(minx＋(j－2＊M－1)＊h)；  %调用函数 IniU(x)
end
```

```
u1=u0;
for k=1:M
    for i=(2*k+1):(n+4*M-2*k)
        tmpU1=-dt*a*(u0(i+2)-u0(i))/h/4+(u0(i+2)+u0(i))/2;
        tmpU2=-dt*a*(u0(i)-u0(i-2))/h/4+(u0(i)+u0(i-2))/2;
        u1(i)=-dt*a*(tmpU1-tmpU2)/h/2+u0(i);
    end
    u0=u1;
end
u=u1((2*M+1):(2*M+n));
```

（6）MacCormack 多步格式（MacCormack multi-step scheme）。其形式为

$$\frac{u_i^{n+\frac{1}{2}}-u_i^n}{\Delta t}+\frac{a}{\Delta x}(u_{i+1}^n-u_i^n)=0$$

$$\frac{u_i^{n+1}-\frac{1}{2}(u_i^n+u_i^{n+\frac{1}{2}})}{\Delta t}+\frac{a}{2\Delta x}(u_i^{n+\frac{1}{2}}-u_{i-1}^{n+\frac{1}{2}})=0 \qquad (2-39)$$

式中：Δt 为时间步长；Δx 为空间步长。

MacCormack 多步格式求解一维对流方程问题的 Matlab 程序代码如下：

```
function u=peHypbMC(a,dt,n,minx,maxx,M)
%方程中的常数:a
%时间步长:dt
%空间节点的个数:n
%求解区间的左端:minx
%求解区间的右端:maxx
%时间步的个数:M
%求解区间上的数值解:u
h=(maxx-minx)/(n-1);    %  空间节点的步长
for j=1:(n+2*M)
    u0(j)=IniU(minx+(j-M-1)*h);    %  调用函数 IniU(x)
end
u1=u0;
for k=1:M
    for i=(k+1):(n+2*M-k)
        tmpU1=-dt*a*(u0(i+1)-u0(i))/h+u0(i);
        tmpU2=-dt*a*(u0(i)-u0(i-1))/h+u0(i-1);
        u1(i)=-dt*a*(tmpU1-tmpU2)/h/2+(u0(i)+ tmpU1)/2;
end
    u0=u1;
end
u=u1((M+1):(M+n));
```

下面以例 2-10 说明用 MacCormack 多步格式求解一维对流方程问题的步骤，运行结果如图 2-15 所示。

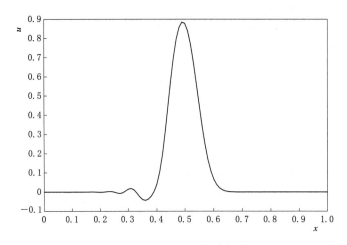

图 2-15　用 MacCormack 多步格式求得的当 $t=0.5$ 时 u 的值

例 2-10：

用 MacCormack 多步格式求解下面一维对流方程的初值问题：

$$\frac{\partial u}{\partial t}+\frac{\partial u}{\partial x}=0, \qquad x\in(-\infty,\infty),t>0$$

$$u(x,0)=U(x), \quad x\in(-\infty,\infty)$$

其中时间步长取 0.005，求解区间为 [0，1]，空间步长取 0.01，求出当 $t=0.5$（即 100 个时间步）时的 u 随 x 的分布图。

$$U(x)=\begin{cases} 10x+1, & -0.1\leqslant x<0 \\ -10x+1, & 0\leqslant x\leqslant 0.1 \\ 0, & 其余 \end{cases}$$

步骤一：先建立 1 个 IniU. m 文件：

```
function ux=IniU(x)
if x<=0
    if x>=-0.1
        ux=10*(x+0.1);
    else
        ux=0;
    end
else
    if x<=0.1
      ux=-10*(x-0.1);
    else
        ux=0;
```

```
      end
end
```

步骤二： 在 MATLAB 窗口输入下列命令：

```
u＝peHypbMC(1,0.005,101,0,1,100);
x＝0:0.01:1;

plot(x,u)
```

2.4.4.2 二维对流方程

二维对流方程的形式为

$$\frac{\partial u}{\partial t}+a\,\frac{\partial u}{\partial x}+b\,\frac{\partial u}{\partial y}=0, x,y\in(-\infty,+\infty), t>0, a,b\ 为常数 \quad (2-40)$$

如果给定初始条件：

$$u(x,y,0)=U(x,y) \quad (2-41)$$

则二维对流方程的通解为

$$u(x,y,t)=U(x-at,y-bt), x,y\in(-\infty,+\infty), t>0 \quad (2-42)$$

求解二维对流方程主要有拉克斯-弗里德里希斯格式和近似分裂格式两种方法。

其中拉克斯-弗里德里希斯格式的形式为

$$\frac{u_{i,k}^{n+1}-\frac{1}{4}(u_{i+1,k}^{n}+u_{i-1,k}^{n}+u_{i,k+1}^{n}+u_{i,k-1}^{n})}{\Delta t}+\frac{a}{2\Delta x}(u_{i+1,k}^{n}-u_{i-1,k}^{n})+ \quad (2-43)$$

$$\frac{a}{2\Delta y}(u_{i,k+1}^{n}-u_{i,k-1}^{n})=0$$

式中：Δt 为时间步长；Δx 为空间步长。

用拉克斯-弗里德里希斯格式求解二维对流方程问题的 Matlab 程序代码如下：

```
function u＝pehypb2LF(a,b,dt,nx,minx,maxx,ny,miny,maxy,M)
%方程中的常数1:a
%方程中的常数2:b
%时间步长:dt
%   x空间节点的个数:nx
%   x求解区间的左端:minx
%   x求解区间的右端:maxx
%   y空间节点的个数:ny
%   y求解区间的左端:miny
%   y求解区间的右端:maxy
%时间步的个数:M
%求解区间上的数值解:u
hx＝(maxx－minx)/(nx－1);   %   x空间节点的步长
hy＝(maxy－miny)/(ny－1);   %   y空间节点的步长
for i＝1:(nx+2*M)
```

```
    for j=1:(ny+2*M)
        u0(i,j)=Ini2U(minx+(i−M−1)*hx,miny+(j−M−1)*hy);%调用函数 Ini2U(x)
    end
end
u1=u0;
for k=1:M
    for i=(k+1):(nx+2*M−k)
        for j=(k+1):(ny+2*M−k)
        u1(i,j)=(u0(i+1,j)+u0(i−1,j)+u0(i,j+1)+u0(i,j−1))/4…
        −dt*a*(u0(i+1,j)−u0(i−1,j))/2/hx…
        −dt*b*(u0(i,j+1)−u0(i,j−1))/2/hy;
        end
    end
    u0=u1;
end
u=u1((M+1):(M+nx),(M+1):(M+ny));
```

下面以例 2−11 说明用拉克斯-弗里德里希斯格式求解二维对流方程问题的步骤，运行结果如图 2−16 所示。

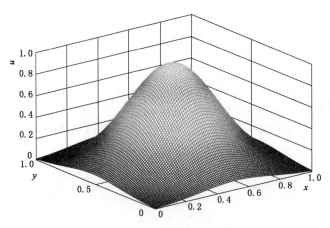

图 2−16 $t=0.5$ 时刻的 u 的值

例 2−11：

请用拉克斯-弗里德里希斯格式求解下列二维对流方程：

$$\frac{\partial u}{\partial t}+\frac{\partial u}{\partial x}+\frac{\partial u}{\partial y}=0, x,y\in[0,1], t>0$$

$$u(x,y,0)=\mathrm{e}^{-(10x^2+10y^2)}$$

其中时间步长取 0.005，空间步长取 0.01，求出当 $t=0.5$（即 100 个时间步）时 u 随 x、y 变化的分布图。

步骤一：先建立 1 个 IniU.m 文件：

```
function uxy=Ini2U(x,y)
    uxy=exp(-10*x*x-10*y*y)
```

步骤二：在 MATLAB 窗口输入下列命令：

```
u=pehypb2LF(1,1,0.005,101,0,1,101,0,1,100);
x=-0:0.01:1;
y=x;
[xx,yy]=meshgrid(x,y);
mesh(xx,yy,u)
```

当 $t=0\sim0.5s$ 拉克斯-弗里德里希斯格式求解二维对流方程的 Matlab 程序代码如下：

```
x=0:0.01:1;
y=0:0.01:1;
[x,y]=meshgrid(x,y);
for M=0:20:100
    u=peHypb2LF(1,1,0.005,101,0,1,101,0,1,M);
    drawnow;
    subplot(1,2,1),mesh(x,y,u);
    set(gca,'FontName','Times New Roman','FontSize',20,'LineWidth',1.25);
    xlabel('\itx','fontname','Times New Roman','fontsize',20)
    ylabel('\ity','fontname','Times New Roman','fontsize',20)
    zlabel('\itu','fontname','Times New Roman','fontsize',20)
    subplot(1,2,2),mesh(x,y,u);
    view(2);
    set(gca,'FontName','Times New Roman','FontSize',20,'LineWidth',1.25);
    xlabel('\itx','fontname','Times New Roman','fontsize',20)
    ylabel('\ity','fontname','Times New Roman','fontsize',20)
    zlabel('\itu','fontname','Times New Roman','fontsize',20)
    F=getframe(gcf);
    I=frame2im(F);
    [I,map]=rgb2ind(I,256);
    if M==0
        imwrite(I,map,'test.gif','gif','Loopcount',inf,'DelayTime',1)
    else
        imwrite(I,map,'test.gif','gif','WriteMode','append','DelayTime',1)
    end
end
```

2.5 参考习题

2-1. 求解二阶常微分方程 $\dfrac{\mathrm{d}^2y}{\mathrm{d}x^2}=y+x^3+6$，$y(0)=1$，$y'(0)=3$。

2-2. 求解常微分方程组 $\begin{cases} \dfrac{\mathrm{d}f}{\mathrm{d}x} = 3f + 4g \\ \dfrac{\mathrm{d}g}{\mathrm{d}x} = -4f + 3g \end{cases}$ 满足初始条件 $f(0) = 0$，$g(0) = 3$ 的

特解。

2-3. 采用改进的 Euler 对 Example2-2 的初值问题进行求解，并作出改进前、改进后的 Euler 法及解析解对比图。

2-4. 推导二阶 Rung-Kutta 法、三阶 Rung-Kutta 法及四阶 Rung-Kutta 法的计算公式。

2-5. 采用四阶 Rung-Kutta 法对 Example2-2 的初值问题进行求解，并讨论迭代步数与解析解关系，同时作出四阶 Rung-Kutta 法、Euler 法（改进前和改进后）及解析解对比图。

2-6. 分别应用 Jacobi 和 Gauss-Seidel 迭代法求解一下方程组（精度为 10^{-6}）。
ANS：1.0082，1.0820，1.4057。

$$\left. \begin{array}{r} 10x_1 - x_2 = 10 \\ -x_1 - 10x_2 - 2x_3 = 7 \\ -3x_2 + 8x_3 = 8 \end{array} \right\}$$

2-7. 计算非线性方程组

$$\left. \begin{array}{r} x^2 - 2x - y + 0.5 = 0 \\ x^2 + 4y^2 - 4 = 0 \end{array} \right\}$$

初始值取 $\begin{bmatrix} x \\ y \end{bmatrix} = \begin{bmatrix} 1 \\ 1 \end{bmatrix}$。

要求：

（1）对计算结果做出分析，给出迭代序列，以及绘制根的变化情况。

（2）给出实际迭代次数信息。

（3）方法函数要可以控制精度。

（4）设置最大迭代次数，当迭代次数过多自动跳出，防止不收敛情况下，进入无穷循环。

2-8. 用牛顿迭代法计算非线性方程组

$$\left. \begin{array}{l} y = 3x_1 - \cos(x_2 x_3) - 0.5 \\ y = x_1^2 - 81(x_2 + 0.1)^2 + \sin x_3 + 1.06 \\ y = \mathrm{e}^{(-x_1 x_2)} + 20x_3 + \dfrac{10\pi - 3}{3} \end{array} \right\}$$

初始值取 $\begin{bmatrix} x_1 \\ x_2 \\ x_3 \end{bmatrix} = \begin{bmatrix} 0.1 \\ 0.1 \\ -0.1 \end{bmatrix}$，精度为 10^{-5}。

2-9. 用工字型差分格式求解下面拉普拉斯方程的边值问题：

$$\frac{\partial^2 u}{\partial x^2} + \frac{\partial^2 u}{\partial y^2} = 0$$

$$u(0,y) = 0, u(2,y) = y(2-y)$$

$$u(x,0) = 0, u(x,2) = \begin{cases} x, & x<1 \\ 2-x, & x>1 \end{cases}$$

$$0 \leqslant x \leqslant 2, 0 \leqslant y \leqslant 2$$

其中空间步长分别取 0.1、0.04、0.02。

2-10. 分别采用拉克斯-弗里德里希斯格式、拉克斯-温德洛夫格式、比姆-沃明格式、Richtmyer 多步格式对下列一维对流方程进行求解：

$$\frac{\partial u}{\partial t} + \frac{\partial u}{\partial x} = 0, x \in (-\infty, +\infty), t > 0$$

$$u(x,0) = U(x)$$

其中时间步长取 0.0005，求解区间为 $[0,1]$，空间步长取 0.001，求出当 $t=0.5$（即 1000 个时间步）时 u 随 x 的分布图，并与下面给出的图 2-17 进行对比。

$$U(x) = \begin{cases} 10x+1, & -0.1 \leqslant x \leqslant 0 \\ -10x+1, & 0 \leqslant x \leqslant 0.1 \\ 0, & \text{其余} \end{cases}$$

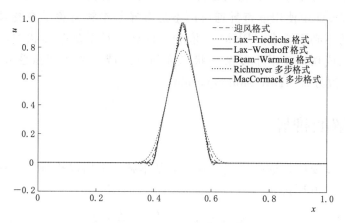

图 2-17 多种方法求得的当 $t=0.5$ 时 u 的值

第3章 基本解法与边界点法

基本解法（Method of Fundamental Solutions，MFS）是由 Kupradze 和 Aleksidze[1] 两位学者于 1964 年提出的，其主要思想为计算域的近似解可以看作是置于计算域之外的若干个源点产生的基本解的线性组合而成，这些源点的强度可以通过满足对应问题的边界条件来求得。该方法后来被完善并用于求解椭圆形偏微分方程（ellipse partial differential equation）[2]。1985 年 Bogomolny[3] 采用固定源点（source）位置求解偏微分方程。基本解法又被称为模拟电荷法[4]、基本配置法[5]和叠加法[6]等。MFS 可以看作是一种非直接边界元法或无单元边界元法，保留了仅离散边界的优点，而且完全不需要数值积分。如果采用配点法，则只需求解一个线性方程组。该方法的缺点是满矩阵计算、需确定源点（Source）位置和有概率出现病态矩阵，仅适用于简单边界与齐次偏微分方程的计算，对于复杂边界的处理则较为困难。而边界点法（Boundary Knot Method，BKM）是一种无网格、无积分、易于学习和实现的径向基函数配置技术，可用于一般偏微分方程系统的数值离散化。与基本解方法（MFS）不同的是，在 BKM 中使用非奇异通解而不是奇异基本解避免了在物理域外构造有争议的人工边界的不必要要求。BKM 不依赖于区域，对于复杂形状的表面问题具有很强的鲁棒性。已成功地应用于复杂形状二维和三维域下的亥姆霍兹方程（Helmholtz Equation）和扩散方程（Diffusion equation）。

3.1 基本解的推导

本解法中最重要的是推导齐次方程式的基本解，下面以推导二维拉普拉斯方程的基本解为例。已知方程式如下：

$$\Delta u = \nabla^2 u = \frac{\partial^2 u}{\partial x^2} + \frac{\partial^2 u}{\partial y^2} = 0 \tag{3-1}$$

二维拉普拉斯方程的基本解满足以下方程式：

$$-\Delta u^* = \delta(|\vec{x} - \vec{s}|) \tag{3-2}$$

式（3-2）中 $\delta(|\vec{x} - \vec{s}|) = \begin{cases} 0, & \vec{x} \neq \vec{s} \\ \infty, & \vec{x} = \vec{s} \end{cases}$ 为狄拉克 δ 函数。将式（3-2）以圆球（圆柱）

坐标展开：

$$-\Delta u^* = \left[\frac{1}{r} \frac{\partial}{\partial r} \left(r \frac{\partial}{\partial r} + \frac{1}{r^2} \frac{\partial^2}{\partial \theta^2} \right) \right] u^* = \delta(|\vec{x} - \vec{s}|) \tag{3-3}$$

因为基本解只与两点间距离（$r = |\vec{x} - \vec{s}|$）有关，与角度无关，式（3-3）中第二项可忽略：

$$-\Delta u^* = \left[\frac{1}{r}\frac{\partial}{\partial r}\left(r\frac{\partial}{\partial r}\right)\right]u^* = \delta(|\vec{x} - \vec{s}|) \tag{3-4}$$

为了求解的方便，我们暂时将 source，（$\vec{s}$），放在原点，即 $\vec{s} = (0, 0)$。

（1）当 $\vec{x} \neq \vec{s}$ 时，由式（3-4）结合狄拉克函数可得

$$\left[\frac{1}{r}\frac{\mathrm{d}}{\mathrm{d}r}\left(r\frac{\mathrm{d}}{\mathrm{d}r}\right)\right]u^* = 0 \tag{3-5}$$

$$\frac{\mathrm{d}}{\mathrm{d}r}\left(r\frac{\mathrm{d}}{\mathrm{d}r}\right)u^* = 0 \tag{3-6}$$

$$\left(r\frac{\mathrm{d}}{\mathrm{d}r}\right)u^* = c_1 \tag{3-7}$$

$$\frac{\mathrm{d}}{\mathrm{d}r}u^* = \frac{c_1}{r} \tag{3-8}$$

$$u^* = c_1\ln(r) + c_2 \tag{3-9}$$

（2）当 $\vec{x} = \vec{s}$ 时，对源点 S(source) 周围作积分：

$$\iint_A \Delta u^* \mathrm{d}A = \iint_A -\delta \mathrm{d}A = -1 \tag{3-10}$$

由高斯散度定理，可将式（3-10）面积分转化为边界线积分：

$$\iint_A \Delta u^* \mathrm{d}A = \iint_A \nabla^2 u^* \mathrm{d}A = \iint_A \nabla(\nabla u^*)\mathrm{d}A = \int_S (\nabla u^*) \cdot \vec{n}\mathrm{d}S = -1 \tag{3-11}$$

$$u^* = c_1\ln(r) + c_2 \tag{3-12}$$

$$\nabla f = \frac{\partial f}{\partial r}\vec{e}_r + \frac{1}{r}\frac{\partial f}{\partial \theta}\vec{e}_\theta \tag{3-13}$$

柱坐标下的梯度公式为
$$\nabla u^* = \frac{\partial u^*}{\partial r}\vec{e}_r = \frac{c_1}{r}\vec{e}_r \tag{3-14}$$

$$(\nabla u^*) \cdot \vec{n} = \frac{c_1}{r}\vec{e}_r \cdot \vec{e}_r = \frac{c_1}{r} \tag{3-15}$$

$$\int_S (\nabla u^*) \cdot \vec{n}\mathrm{d}S = \int_S \frac{c_1}{r}\mathrm{d}S = \int_0^{2\pi} \frac{c_1}{r}r\mathrm{d}\theta = 2\pi c_1 = -1 \tag{3-16}$$

式中：$\vec{e}_r$ 和 $\vec{e}_\theta$ 分别为 r 方向和 θ 方向的单位矢量。

解得：$c_1 = \frac{-1}{2\pi}$，代入式（3-9）。

$$u^* = \frac{-1}{2\pi}\ln r + c_2 \tag{3-17}$$

易得：$c_2 = 0$。

因此：$u^* = \frac{-1}{2\pi}\ln r$。

综上二维拉普拉斯方程（Laplace equation）的基本解为 $u^* = \dfrac{-1}{2\pi}\ln r$。

3.2　MFS 求解拉普拉斯方程

已知控制方程式（Laplace equation）为
$$\nabla^2 T(x,y)=0,(x,y)\in\Omega \tag{3-18}$$
假定边界条件为
$$T(x,y)=f(x,y),(x,y)\in\partial\Omega \tag{3-19}$$
计算域 Ω 如图 3-1（a）所示。

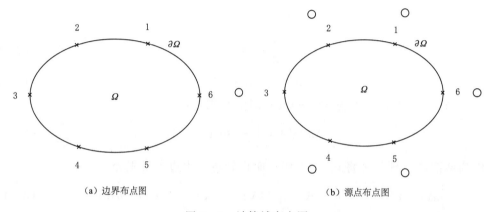

（a）边界布点图　　　　　　　　　（b）源点布点图

图 3-1　计算域布点图

步骤一：在边界 $\partial\Omega$ 上选取 N 个点（$N=6$），$(x_j,\ y_j)j=1$，2，3，4，5，6，在对应的计算域之外也需要选取 N 个源点（source）（$N=6$），如图 3-1（b），（s_j^x，s_j^y）$j=1$，2，3，4，5，6。

步骤二：将数值解表示成基本解的线性累加：
$$T(x,y)=\sum_{j=1}^{6}\alpha_j u^*(\vec{x},\vec{s}_j) \tag{3-20}$$

$$T(x,y)=\sum_{j=1}^{6}\alpha_j\ln(|\vec{x}-\vec{s}_j|) \tag{3-21}$$

对第 1 个边界点而言，由已知的边界条件可以得知：
$$T(x_1,y_1)=f(x_1,y_1) \tag{3-22}$$

$$T(x_1,y_1)=\sum_{j=1}^{N}\alpha_j\ln(|\vec{x}_1-\vec{s}_j|) \tag{3-23}$$

$$T(x_1,y_1)=\alpha_1\ln(|\vec{x}_1-\vec{s}_1|)+\alpha_2\ln(|\vec{x}_1-\vec{s}_2|)+\alpha_3\ln(|\vec{x}_1-\vec{s}_3|)+$$
$$\alpha_4\ln(|\vec{x}_1-\vec{s}_4|)+\alpha_5\ln(|\vec{x}_1-\vec{s}_5|)+\alpha_6\ln(|\vec{x}_1-\vec{s}_6|) \tag{3-24}$$

$$r_{ij}=|\vec{x}_i-\vec{s}_j| \tag{3-25}$$

$$f(x_1,y_1)=\alpha_1\ln r_{11}+\alpha_2\ln r_{12}+\alpha_3\ln r_{13}+$$
$$\alpha_4\ln r_{14}+\alpha_5\ln r_{15}+\alpha_6\ln r_{16} \tag{3-26}$$

同理，由第 2 个边界点可以得知：

$$f(x_2,y_2)=\alpha_1\ln r_{21}+\alpha_2\ln r_{22}+\alpha_3\ln r_{23}+$$
$$\alpha_4\ln r_{24}+\alpha_5\ln r_{25}+\alpha_6\ln r_{26} \tag{3-27}$$

由第 3 个边界点可以得知：

$$f(x_3,y_3)=\alpha_1\ln r_{31}+\alpha_2\ln r_{32}+\alpha_3\ln r_{33}+$$
$$\alpha_4\ln r_{34}+\alpha_5\ln r_{35}+\alpha_6\ln r_{36} \tag{3-28}$$

由第 4 个边界点可以得知：

$$f(x_4,y_4)=\alpha_1\ln r_{41}+\alpha_2\ln r_{42}+\alpha_3\ln r_{43}+$$
$$\alpha_4\ln r_{44}+\alpha_5\ln r_{45}+\alpha_6\ln r_{46} \tag{3-29}$$

由第 5 个边界点可以得知：

$$f(x_5,y_5)=\alpha_1\ln r_{51}+\alpha_2\ln r_{52}+\alpha_3\ln r_{53}+$$
$$\alpha_4\ln r_{54}+\alpha_5\ln r_{55}+\alpha_6\ln r_{56} \tag{3-30}$$

由第 6 个边界点可以得知：

$$f(x_6,y_6)=\alpha_1\ln r_{61}+\alpha_2\ln r_{62}+\alpha_3\ln r_{63}+$$
$$\alpha_4\ln r_{64}+\alpha_5\ln r_{65}+\alpha_6\ln r_{66} \tag{3-31}$$

将六边线性代数方程组合可得

$$\{f\}=[\phi]\{\alpha\} \tag{3-32}$$

其中：

$$\{f\}=\begin{Bmatrix} f(x_1,y_1) \\ f(x_2,y_2) \\ f(x_3,y_3) \\ f(x_4,y_4) \\ f(x_5,y_5) \\ f(x_6,y_6) \end{Bmatrix}$$

$$\begin{Bmatrix} f(x_1,y_1) \\ f(x_2,y_2) \\ f(x_3,y_3) \\ f(x_4,y_4) \\ f(x_5,y_5) \\ f(x_6,y_6) \end{Bmatrix}=\begin{bmatrix} \ln r_{11} & \ln r_{12} & \ln r_{13} & \ln r_{14} & \ln r_{15} & \ln r_{16} \\ \ln r_{21} & \ln r_{22} & \ln r_{23} & \ln r_{24} & \ln r_{25} & \ln r_{26} \\ \ln r_{31} & \ln r_{32} & \ln r_{33} & \ln r_{34} & \ln r_{35} & \ln r_{36} \\ \ln r_{41} & \ln r_{42} & \ln r_{43} & \ln r_{44} & \ln r_{45} & \ln r_{46} \\ \ln r_{51} & \ln r_{52} & \ln r_{53} & \ln r_{54} & \ln r_{55} & \ln r_{56} \\ \ln r_{61} & \ln r_{62} & \ln r_{63} & \ln r_{64} & \ln r_{65} & \ln r_{66} \end{bmatrix}\begin{Bmatrix} \alpha_1 \\ \alpha_2 \\ \alpha_3 \\ \alpha_4 \\ \alpha_5 \\ \alpha_6 \end{Bmatrix}$$

步骤三：将式（3-32）都左除 $[\varphi]$，即可以求出每一个计算域外源点的强度。

$$\{\alpha\}=[\varphi]^{-1}\{f\} \tag{3-33}$$

步骤四：$(\alpha_1，\alpha_6)$ 基本解强度求出来之后，就可以由此算出域内任意点的值与微分量。

假设我们想要求出任意第 7 个点，即如图 3-2 中 (x_7, y_7) 的值。

数值解表示成基本解的线性累加，由式（3-21）可得

$$T(x_7, y_7) = \sum_{j=1}^{6} \alpha_j \ln(|\vec{x}_7 - \vec{s}_j|) \tag{3-34}$$

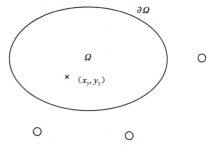

将式（3-34）展开可得

$$T(x_7, y_7) = \alpha_1 \ln(|\vec{x}_7 - \vec{s}_1|) + \alpha_2 \ln(|\vec{x}_7 - \vec{s}_2|) +$$
$$\alpha_3 \ln(|\vec{x}_7 - \vec{s}_3|) +$$
$$\alpha_4 \ln(|\vec{x}_7 - \vec{s}_4|) + \alpha_5 \ln(|\vec{x}_7 - \vec{s}_5|)$$

图 3-2　假定内部点示意图

$$+\alpha_6 \ln(|\vec{x}_7 - \vec{s}_6|) \tag{3-35}$$

综上，计算域中任意的点 (x_7, y_7) 的值就可以求解得出。

如若假设在上述例题中，第 1、2、3 边界点满足第一类边界条件（Dirichlet BC，$(x, y) \in \Gamma_1$），第 4、5、6 边界点满足第二类边界条件（Neumann BC，$(x, y) \in \Gamma_2$），式（3-33）中矩阵 φ 的对应元素也要有所改变，即

$$T(x, y) = f(x, y), (x, y) \in \Gamma_1 \tag{3-36}$$

$$\frac{\partial T(x, y)}{\partial n} = g(x, y), (x, y) \in \Gamma_2 \tag{3-37}$$

$$T(x, y) = \sum_{j=1}^{6} \alpha_j \ln(|\vec{x} - \vec{s}_j|) \tag{3-38}$$

$$\frac{\partial T(x, y)}{\partial n} = \frac{\partial T(x, y)}{\partial x} n_x + \frac{\partial T(x, y)}{\partial y} n_y$$
$$= \left[\sum_{j=1}^{6} \alpha_j \frac{\partial \ln(|\vec{x} - \vec{s}_j|)}{\partial x} \right] n_x + \left[\sum_{j=1}^{6} \alpha_j \frac{\partial \ln(|\vec{x} - \vec{s}_j|)}{\partial y} \right] n_y \tag{3-39}$$

$$\frac{\partial T(x, y)}{\partial n} = \sum_{j=1}^{6} \alpha_j \frac{(x - s_j^x) n_x + (y - s_j^y) n_y}{r^2} = \sum_{j=1}^{6} \alpha_j \frac{\vec{r} \cdot \vec{n}}{r^2} \tag{3-40}$$

$$\vec{n} = (n_x, n_y) = n_x \vec{i} + n_y \vec{j} = n_x \vec{e}_x + n_y \vec{e}_y \tag{3-41}$$

由第 4 边界点可以得知：

$$g(x_4, y_4) = \alpha_1 \frac{\vec{r}_{41} \cdot \vec{n}_4}{r_{41}^2} + \alpha_2 \frac{\vec{r}_{42} \cdot \vec{n}_4}{r_{42}^2} + \alpha_3 \frac{\vec{r}_{43} \cdot \vec{n}_4}{r_{43}^2} +$$
$$\alpha_4 \frac{\vec{r}_{44} \cdot \vec{n}_4}{r_{44}^2} + \alpha_5 \frac{\vec{r}_{45} \cdot \vec{n}_4}{r_{45}^2} + \alpha_6 \frac{\vec{r}_{46} \cdot \vec{n}_4}{r_{46}^2} \tag{3-42}$$

由第 5 边界点可以得知：

$$g(x_5, y_5) = \alpha_1 \frac{\vec{r}_{51} \cdot \vec{n}_5}{r_{51}^2} + \alpha_2 \frac{\vec{r}_{52} \cdot \vec{n}_5}{r_{52}^2} + \alpha_3 \frac{\vec{r}_{53} \cdot \vec{n}_5}{r_{53}^2} +$$
$$\alpha_4 \frac{\vec{r}_{54} \cdot \vec{n}_5}{r_{54}^2} + \alpha_5 \frac{\vec{r}_{55} \cdot \vec{n}_5}{r_{55}^2} + \alpha_6 \frac{\vec{r}_{56} \cdot \vec{n}_5}{r_{56}^2} \tag{3-43}$$

由第 6 边界点可以得知：

$$g(x_6,y_6)=\alpha_1\frac{\vec{r}_{61}\cdot\vec{n}_6}{r_{61}^2}+\alpha_2\frac{\vec{r}_{62}\cdot\vec{n}_6}{r_{62}^2}+\alpha_3\frac{\vec{r}_{63}\cdot\vec{n}_6}{r_{63}^2}+$$

$$\alpha_4\frac{\vec{r}_{64}\cdot\vec{n}_6}{r_{64}^2}+\alpha_5\frac{\vec{r}_{65}\cdot\vec{n}_6}{r_{65}^2}+\alpha_6\frac{\vec{r}_{66}\cdot\vec{n}_6}{r_{66}^2} \tag{3-44}$$

组合后可得矩阵如下：

$$\begin{Bmatrix}f(x_1,y_1)\\f(x_2,y_2)\\f(x_3,y_3)\\g(x_4,y_4)\\g(x_5,y_5)\\g(x_6,y_6)\end{Bmatrix}=\begin{bmatrix}\ln r_{11}&\ln r_{12}&\ln r_{13}&\ln r_{14}&\ln r_{15}&\ln r_{16}\\\ln r_{21}&\ln r_{22}&\ln r_{23}&\ln r_{24}&\ln r_{25}&\ln r_{26}\\\ln r_{31}&\ln r_{32}&\ln r_{33}&\ln r_{34}&\ln r_{35}&\ln r_{36}\\\dfrac{\vec{r}_{41}\cdot\vec{n}_4}{r_{41}^2}&\dfrac{\vec{r}_{42}\cdot\vec{n}_4}{r_{42}^2}&\dfrac{\vec{r}_{43}\cdot\vec{n}_4}{r_{43}^2}&\dfrac{\vec{r}_{44}\cdot\vec{n}_4}{r_{44}^2}&\dfrac{\vec{r}_{45}\cdot\vec{n}_4}{r_{45}^2}&\dfrac{\vec{r}_{46}\cdot\vec{n}_4}{r_{46}^2}\\\dfrac{\vec{r}_{51}\cdot\vec{n}_5}{r_{51}^2}&\dfrac{\vec{r}_{52}\cdot\vec{n}_5}{r_{52}^2}&\dfrac{\vec{r}_{53}\cdot\vec{n}_5}{r_{53}^2}&\dfrac{\vec{r}_{54}\cdot\vec{n}_5}{r_{54}^2}&\dfrac{\vec{r}_{55}\cdot\vec{n}_5}{r_{55}^2}&\dfrac{\vec{r}_{56}\cdot\vec{n}_5}{r_{56}^2}\\\dfrac{\vec{r}_{61}\cdot\vec{n}_6}{r_{61}^2}&\dfrac{\vec{r}_{62}\cdot\vec{n}_6}{r_{62}^2}&\dfrac{\vec{r}_{63}\cdot\vec{n}_6}{r_{63}^2}&\dfrac{\vec{r}_{64}\cdot\vec{n}_6}{r_{64}^2}&\dfrac{\vec{r}_{65}\cdot\vec{n}_6}{r_{65}^2}&\dfrac{\vec{r}_{66}\cdot\vec{n}_6}{r_{66}^2}\end{bmatrix}\begin{Bmatrix}\alpha_1\\\alpha_2\\\alpha_3\\\alpha_4\\\alpha_5\\\alpha_6\end{Bmatrix}$$

同理将矩阵 ϕ 左除可得

$$\begin{Bmatrix}\alpha_1\\\alpha_2\\\alpha_3\\\alpha_4\\\alpha_5\\\alpha_6\end{Bmatrix}=\begin{bmatrix}\ln r_{11}&\ln r_{12}&\ln r_{13}&\ln r_{14}&\ln r_{15}&\ln r_{16}\\\ln r_{21}&\ln r_{22}&\ln r_{23}&\ln r_{24}&\ln r_{25}&\ln r_{26}\\\ln r_{31}&\ln r_{32}&\ln r_{33}&\ln r_{34}&\ln r_{35}&\ln r_{36}\\\dfrac{\vec{r}_{41}\cdot\vec{n}_4}{r_{41}^2}&\dfrac{\vec{r}_{42}\cdot\vec{n}_4}{r_{42}^2}&\dfrac{\vec{r}_{43}\cdot\vec{n}_4}{r_{43}^2}&\dfrac{\vec{r}_{44}\cdot\vec{n}_4}{r_{44}^2}&\dfrac{\vec{r}_{45}\cdot\vec{n}_4}{r_{45}^2}&\dfrac{\vec{r}_{46}\cdot\vec{n}_4}{r_{46}^2}\\\dfrac{\vec{r}_{51}\cdot\vec{n}_5}{r_{51}^2}&\dfrac{\vec{r}_{52}\cdot\vec{n}_5}{r_{52}^2}&\dfrac{\vec{r}_{53}\cdot\vec{n}_5}{r_{53}^2}&\dfrac{\vec{r}_{54}\cdot\vec{n}_5}{r_{54}^2}&\dfrac{\vec{r}_{55}\cdot\vec{n}_5}{r_{55}^2}&\dfrac{\vec{r}_{56}\cdot\vec{n}_5}{r_{56}^2}\\\dfrac{\vec{r}_{61}\cdot\vec{n}_6}{r_{61}^2}&\dfrac{\vec{r}_{62}\cdot\vec{n}_6}{r_{62}^2}&\dfrac{\vec{r}_{63}\cdot\vec{n}_6}{r_{63}^2}&\dfrac{\vec{r}_{64}\cdot\vec{n}_6}{r_{64}^2}&\dfrac{\vec{r}_{65}\cdot\vec{n}_6}{r_{65}^2}&\dfrac{\vec{r}_{66}\cdot\vec{n}_6}{r_{66}^2}\end{bmatrix}^{-1}\begin{Bmatrix}f(x_1,y_1)\\f(x_2,y_2)\\f(x_3,y_3)\\g(x_4,y_4)\\g(x_5,y_5)\\g(x_6,y_6)\end{Bmatrix}$$

当然，该方法也可求解三维拉普拉斯方程，这里给出三维拉普拉斯方程的基本解为

$$u^{3D,L}(\vec{x},\vec{s})=\frac{1}{4\pi|\vec{x}-\vec{s}|} \tag{3-45}$$

除了基本解改变之外，其余做法与二维相同。

边界类无网格法（Boundary - type meshless methods）因为基本解已满足控制方程，因此只需要边界配点。

3.3 MFS 求解亥姆霍兹方程

已知亥姆霍兹方程式（Helmholtz equation）的一般形式为

$$\nabla^2 T(x,y) + k^2 T(x,y) = 0, (x,y) \in \Omega \qquad (3-46)$$

假定边界条件为：

$$T(x,y) = f(x,y), (x,y) \in \partial\Omega \qquad (3-47)$$

该偏微分方程式在有关波传递的问题中常出现，例如电磁波[10]、声波等。这里以波动方程为例：$\dfrac{1}{e^2}\dfrac{\partial^2 u}{\partial t^2} = \nabla^2 u$。

经过傅里叶变化之后可得（$t \to \omega$）：

$$F\{f^{(n)}(x)\} = (i\omega)^n \widetilde{f}(\omega) \qquad (3-48)$$

$$\frac{1}{e^2}(i\omega)^2 \widetilde{u} = \nabla^2 \widetilde{u} \qquad (3-49)$$

$$\nabla^2 \widetilde{u} + \frac{\omega^2}{c^2}\widetilde{u} = 0 \qquad (3-50)$$

所以二维亥姆霍兹方程的基本解为

$$u^{2D,H}(\vec{x}-\vec{s}) = \frac{-i}{4}H_0^{(2)}(k|\vec{x}-\vec{s}|) \qquad (3-51)$$

式中：$H_0^{(2)}()$ 为第二类 0 阶 Hankel 函数，可以表示为第一类和第二类贝塞尔函数的线性组合：

$$H_0^{(2)}(z) = J_0(z) - iY_0(z) \qquad (3-52)$$

$$\frac{-i}{4}H_0^{(2)}(k|\vec{x}-\vec{s}_j|) = \frac{-i}{4}[J_0(k|\vec{x}-\vec{s}_j|) - iY_0(k|\vec{x}-\vec{s}_j|)] \qquad (3-53)$$

$$\frac{-i}{4}H_0^{(2)}(k|\vec{x}-\vec{s}_j|) = -\frac{1}{4}Y_0(k|\vec{x}-\vec{s}_j|) + \frac{-i}{4}J_0(k|\vec{x}-\vec{s}_j|) \qquad (3-54)$$

式中：$J_0(z)$ 为 0 阶第一类贝塞尔函数；$Y_0(z)$ 为 0 阶第二类贝塞尔函数（纽曼函数）。

接下来与前两节类似，如图 3-1 与图 3-2 所示。

步骤一：在计算域边界 $\partial\Omega$ 上选取 N 个点（$N=6$），(x_j, y_j) $j=1,2,3,4,5,6$，在对应的计算域之外也选取 N 个点（$N=6$），(s_j^x, s_j^y) $j=1,2,3,4,5,6$。

步骤二：数值解表示成基本解的线性累加：

$$T(x,y) = \sum_{j=1}^{6} \alpha_j u^{2D,H}(\vec{x},\vec{s}_j) \qquad (3-55)$$

$$T(x,y) = \sum_{j=1}^{6} \alpha_j \left[\frac{-i}{4}H_0^{(2)}(k|\vec{x}-\vec{s}_j|)\right] \qquad (3-56)$$

$$\begin{Bmatrix} f(x_1,y_1) \\ f(x_2,y_2) \\ f(x_3,y_3) \\ f(x_4,y_4) \\ f(x_5,y_5) \\ f(x_6,y_6) \end{Bmatrix}_{6\times 1} = [\Phi]_{6\times 6} \begin{Bmatrix} \alpha_1 \\ \alpha_2 \\ \alpha_3 \\ \alpha_4 \\ \alpha_5 \\ \alpha_6 \end{Bmatrix}_{6\times 1}$$

其中

$$\Phi_{ij} = \frac{-i}{4} H_0^{(2)}(k r_{ij})$$

步骤三：将上式左除 $[\varphi]$，即可以求出每一个计算域外源点的强度矩阵 $\boldsymbol{\alpha}$。

$$\{\boldsymbol{\alpha}\} = [\boldsymbol{\Phi}]^{-1}\{\boldsymbol{f}\} \tag{3-57}$$

步骤四：强度矩阵 α 求解出来之后，就可以算出域内任意点的值与微分量。

另外，三维亥姆霍兹方程的基本解为

$$u^{3D,H}(\vec{x}, \vec{s}) = \frac{\mathrm{e}^{-ik|\vec{x}-\vec{s}|}}{4\pi|\vec{x}-\vec{s}|} \tag{3-58}$$

并且，在求解亥姆霍兹方程时，要注意全部的运算都要用复数运算（Complex）。

3.4　MFS 求解修正亥姆霍兹方程

已知修正亥姆霍兹方程（Modified Helmholtz Equation）的一般形式为

$$\nabla^2 T(x,y) - k^2 T(x,y) = 0, (x,y) \in \Omega \tag{3-59}$$

假定边界条件为

$$T(x,y) = f(x,y), (x,y) \in \partial\Omega \tag{3-60}$$

该方程在有关扩散方程式的问题中常出现，例如热扩散问题、污染物扩散问题等，这里以扩散方程为例：$\frac{\partial u}{\partial t} = \varepsilon \nabla^2 u$。

经过傅里叶变化之后可得（$t \to \omega$）：

$$L\left\{\frac{\partial u(x,y,t)}{\partial t}\right\} = s\,\tilde{u}(s) - u(0) \tag{3-61}$$

$$s\,\tilde{u}(s) - u(0) = \varepsilon \nabla^2 \tilde{u}(s) \tag{3-62}$$

如果 $u(0) = 0$，可推：$^2\tilde{u} - \frac{s}{\varepsilon}\tilde{u} = 0$。

所以，二维修正的亥姆霍兹方程的基本解为

$$u^{2D,H}(\vec{x}, \vec{s}) = \frac{1}{2\pi} K_0(k|\vec{x}-\vec{s}|) \tag{3-63}$$

步骤一：在计算域边界 $\partial\Omega$ 上选取 N 个点（$N=6$），(x_j, y_j) $j=1,2,3,4,5,6$ 在对应的计算域之外也选取 N 个点（$N=6$），(s_j^x, s_j^y) $j=1,2,3,4,5,6$。

步骤二：数值解可以表示成基本解的线性累加：

$$T(x,y) = \sum_{j=1}^{6} \alpha_j u^{2D,M}(\vec{x}, \vec{s}_j) \tag{3-64}$$

$$T(x,y) = \sum_{j=1}^{6} \alpha_j \left[\frac{1}{2\pi} K_0(k|\vec{x}-\vec{s}_j|)\right] \tag{3-65}$$

$$\begin{Bmatrix} f(x_1, y_1) \\ f(x_2, y_2) \\ f(x_3, y_3) \\ f(x_4, y_4) \\ f(x_5, y_5) \\ f(x_6, y_6) \end{Bmatrix}_{6\times1} = [\Phi]_{6\times6} \begin{Bmatrix} \alpha_1 \\ \alpha_2 \\ \alpha_3 \\ \alpha_4 \\ \alpha_5 \\ \alpha_6 \end{Bmatrix}_{6\times1}$$

其中 $\Phi_{ij} = \dfrac{1}{2\pi} K_0(kr_{ij})$

步骤三：将上式左除 $[\phi]$，即可以求出每一个计算域外源点的强度矩阵 $\boldsymbol{\alpha}$。

$$\{\boldsymbol{\alpha}\} = [\boldsymbol{\Phi}]^{-1}\{\boldsymbol{f}\} \tag{3-66}$$

步骤四：强度矩阵 $\boldsymbol{\alpha}$ 求解出来之后，就可以算出域内任意点的值与微分量。

3.5　MFS 求解扩散方程

已知扩散方程（Diffusion equation）为

$$\frac{\partial u}{\partial t} = k\,\nabla^2 u \tag{3-67}$$

其中一维扩散方程（governing equation）：

$$\frac{\partial u(x,t)}{\partial t} = k\,\frac{\partial^2 u(x,t)}{\partial x^2}, x \in \Omega \tag{3-68}$$

假定边界条件（boundary condition）和初始条件（initial condition）为

$$\left.\begin{aligned} u(x=x_l, t) &= f(t) \\ u(x=x_r, t) &= g(t) \end{aligned}\right\} \tag{3-69}$$

$$u(x, t=t_0) = h(x) \tag{3-70}$$

这里直接给出扩散方程基本解（Diffusion fundamental solution）[1,3-7]：

$$\frac{\partial u^*}{\partial t} = k\,\nabla^2 u^* + \delta(|\vec{x}-\vec{\xi}|)\delta(t-\tau) \tag{3-71}$$

$$u^*(\vec{x}, t; \vec{\xi}, \tau) = \frac{\exp\left[\dfrac{-|\vec{x}-\vec{\xi}|^2}{4k(t-\tau)}\right]}{[4\pi k(t-\tau)]^{n/2}} H(t-\tau) \tag{3-72}$$

其中

$$H(t-\tau) = \begin{cases} 1, & t-\tau > 0 \\ 0, & t-\tau \leqslant 0 \end{cases}$$

式中：n 为空间维数（spatial dimension number）；$H(\cdot)$ 为赫维赛德阶跃函数（Heaviside step function）。

步骤一：在计算域边界 $\partial\Omega$ 上选取 N 个点（$N=6$），$(x_j, y_j)j=1, 2, 3, 4,$ 5，6 在对应的计算域之外也选取 N 个点（$N=6$），$(s_j^x, s_j^y)j=1, 2, 3, 4, 5, 6$，如图 3-3 所示。

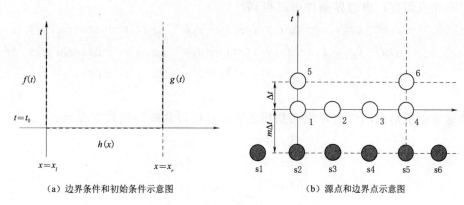

（a）边界条件和初始条件示意图　　　　（b）源点和边界点示意图

图 3-3　一维扩散方程求解示意图

步骤二：数值解可以表示成基本解的线性累加：

$$u(x,t)=\sum_{j=1}^{N(=6)}\alpha_j u^*(x,t;s_j,\tau_j) \qquad (3-73)$$

对第 1 点而言，由初始条件可以得到

$$h(x_1)=\sum_{j=1}^{6}\alpha_j u^*(x_1,t_0;s_j,\tau_j) \qquad (3-74)$$

$$h(x_1)=\alpha_1 u^*(x_1,t_0;s_1,\tau_1)+\alpha_2 u^*(x_1,t_0;s_2,\tau_2)+$$
$$\alpha_3 u^*(x_1,t_0;s_3,\tau_3)+\alpha_4 u^*(x_1,t_0;s_4,\tau_4)+$$
$$\alpha_5 u^*(x_1,t_0;s_5,\tau_5)+\alpha_6 u^*(x_1,t_0;s_6,\tau_6) \qquad (3-75)$$

对第 2 点而言，由初始条件可以得到

$$h(x_2)=\alpha_1 u^*(x_2,t_0;s_1,\tau_1)+\alpha_2 u^*(x_2,t_0;s_2,\tau_2)+$$
$$\alpha_3 u^*(x_2,t_0;s_3,\tau_3)+\alpha_4 u^*(x_2,t_0;s_4,\tau_4)+$$
$$\alpha_5 u^*(x_2,t_0;s_5,\tau_5)+\alpha_6 u^*(x_2,t_0;s_6,\tau_6) \qquad (3-76)$$

对第 3 点而言，由初始条件可以得到

$$h(x_3)=\alpha_1 u^*(x_3,t_0;s_1,\tau_1)+\alpha_2 u^*(x_3,t_0;s_2,\tau_2)+$$
$$\alpha_3 u^*(x_3,t_0;s_3,\tau_3)+\alpha_4 u^*(x_3,t_0;s_4,\tau_4)+$$
$$\alpha_5 u^*(x_3,t_0;s_5,\tau_5)+\alpha_6 u^*(x_3,t_0;s_6,\tau_6) \qquad (3-77)$$

对第 4 点而言，由初始条件可以得到

$$h(x_4)=\alpha_1 u^*(x_4,t_0;s_1,\tau_1)+\alpha_2 u^*(x_4,t_0;s_2,\tau_2)+$$
$$\alpha_3 u^*(x_4,t_0;s_3,\tau_3)+\alpha_4 u^*(x_4,t_0;s_4,\tau_4)+$$
$$\alpha_5 u^*(x_4,t_0;s_5,\tau_5)+\alpha_6 u^*(x_4,t_0;s_6,\tau_6) \qquad (3-78)$$

对第 5 点而言，由边界条件可以得到

$$f(x_5)=\alpha_1 u^*(x_5,t_0+\Delta t;s_1,\tau_1)+\alpha_2 u^*(x_5,t_0+\Delta t;s_2,\tau_2)+$$
$$\alpha_3 u^*(x_5,t_0+\Delta t;s_3,\tau_3)+\alpha_4 u^*(x_5,t_0+\Delta t;s_4,\tau_4)+$$
$$\alpha_5 u^*(x_5,t_0+\Delta t;s_5,\tau_5)+\alpha_6 u^*(x_5,t_0+\Delta t;s_6,\tau_6) \qquad (3-79)$$

对第 6 点而言，由边界条件可以得到

$$g\ (x_6)\ =\alpha_1 u^*\ (x_6,\ t_0+\Delta t;\ s_1,\ \tau_1)\ +\alpha_2 u^*\ (x_6,\ t_0+\Delta t;\ s_2,\ \tau_2)\ +$$
$$\alpha_3 u^*\ (x_6,\ t_0+\Delta t;\ s_3,\ \tau_3)\ +\alpha_4 u^*\ (x_6,\ t_0+\Delta t;\ s_4,\ \tau_4)\ +$$
$$\alpha_5 u^*\ (x_6,\ t_0+\Delta t;\ s_5,\ \tau_5)\ +\alpha_6 u^*\ (x_6,\ t_0+\Delta t;\ s_6,\ \tau_6)$$

$$(3-80)$$

将这 6 点所形成的代数方程式整理之后，可以得到线性代数方程组：

$$\begin{Bmatrix} h(x_1) \\ h(x_2) \\ h(x_3) \\ h(x_4) \\ f(x_5) \\ g(x_6) \end{Bmatrix} = [u_{ij}^*]_{6\times 6} \begin{Bmatrix} \alpha_1 \\ \alpha_2 \\ \alpha_3 \\ \alpha_4 \\ \alpha_5 \\ \alpha_6 \end{Bmatrix} \qquad (3-81)$$

其中

$$u_{ij}^* = u^*(x_i, t_i; s_j, \tau_j) = \frac{\exp\left[\dfrac{-|x_i - s_j|^2}{4k(t_i - \tau_j)}\right]}{[4\pi k(t_i - \tau_j)]^{\frac{1}{2}}} H(t_i - \tau_j)$$

$$\begin{Bmatrix} \alpha_1 \\ \alpha_2 \\ \alpha_3 \\ \alpha_4 \\ \alpha_5 \\ \alpha_6 \end{Bmatrix} = [u_{ij}^*]^{-1} \begin{Bmatrix} h(x_1) \\ h(x_2) \\ h(x_3) \\ h(x_4) \\ f(x_5) \\ g(x_6) \end{Bmatrix} \qquad (3-82)$$

步骤三：将上式左除即可求出系数矩阵 **α**。

步骤四：$(\alpha_1,\ \alpha_6)$ 基本解强度求出来之后，代回后就可以计算内部任一点的值，如图 3-4 所示。

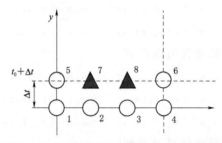

图 3-4　不同时间层内部、边界点示意图

$$u(x_7, t_7) = \sum_{j=1}^{6} \alpha_j u^*(x_7, t_7; s_j, \tau_j) \qquad (3-83)$$

$$u(x_8,t_8) = \sum_{j=1}^{6} \alpha_j u^* (x_8,t_8;s_j,\tau_j) \qquad (3-84)$$

步骤五： 重复相同的计算方式，如图 3-5 所示，可以一直算到预定的终点时间 t_f。

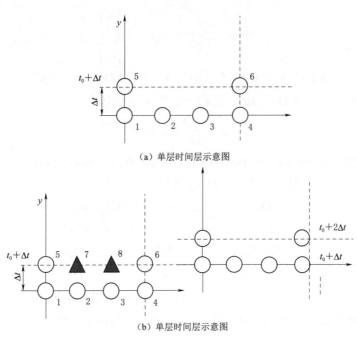

(a) 单层时间层示意图

(b) 单层时间层示意图

图 3-5　时间层示意图

3.6　MFS 求解斯托克斯方程

已知二维纳维-斯托克斯方程（Two-demensional Navier Stokes equations）控制方程为

$$\left.\begin{aligned} \frac{\partial u}{\partial x} + \frac{\partial v}{\partial y} &= 0 \\ \mu \nabla^2 u - \frac{\partial p}{\partial x} &= 0 \\ \mu \nabla^2 v - \frac{\partial p}{\partial y} &= 0 \end{aligned}\right\} \qquad (3-85)$$

将控制方程写成矩阵形式：

$$[C_{ij}] = \begin{bmatrix} D_x & D_y & 0 \\ \mu \nabla^2 & 0 & -D_x \\ 0 & \mu \nabla^2 & -D_y \end{bmatrix}$$

$$
\left.\begin{array}{l}
\dfrac{\partial u}{\partial x}+\dfrac{\partial v}{\partial y}=0 \\[2mm]
\mu\ \nabla^2 u-\dfrac{\partial p}{\partial x}=0 \\[2mm]
\mu\ \nabla^2 v-\dfrac{\partial p}{\partial y}=0=\begin{bmatrix} C_{ij} \end{bmatrix}\begin{Bmatrix} u \\ v \\ p \end{Bmatrix}
\end{array}\right\}
\tag{3-86}
$$

$$
\det(C_{ij})=\begin{bmatrix} C_{ij} \end{bmatrix}\begin{bmatrix} C_{ij}^{*} \end{bmatrix}=\mu\ \nabla^2(D_x^2+D_y^2)=\mu\ \nabla^2\nabla^2 \tag{3-87}
$$

$$
\det(C_{ij})\varphi+\delta(\vec{x})=\mu\ \nabla^2\nabla^2\varphi+\delta(\vec{x})=0 \tag{3-88}
$$

$$
\phi=\frac{-1}{8\pi\mu}r^2\ln(r) \tag{3-89}
$$

其中协因数矩阵（Cofactor matrix）和伴随矩阵（Adjoint matrix）分别为

$$
\begin{bmatrix}
D_x(\mu\ \nabla^2) & D_y(\mu\ \nabla^2) & (\mu\ \nabla^2)^2 \\
D_y^2 & -D_x D_y & -D_x(\mu\ \nabla^2) \\
-D_x D_y & D_x^2 & -D_y(\mu\ \nabla^2)
\end{bmatrix}
\tag{3-90}
$$

$$
\begin{bmatrix} C_{jk}^{*} \end{bmatrix}=\begin{bmatrix}
D_x(\mu\ \nabla^2) & D_y^2 & -D_x D_y \\
D_y(\mu\ \nabla^2) & -D_x D_y & D_x^2 \\
(\mu\ \nabla^2)^2 & -D_x(\mu\ \nabla^2) & -D_y(\mu\ \nabla^2)
\end{bmatrix}
\tag{3-91}
$$

综上，二维斯托克斯的基本解（Fundamental solution）为

$$
\begin{aligned}
\begin{bmatrix} g_{jk}^{*} \end{bmatrix}&=\begin{bmatrix} C_{jk}^{*} \end{bmatrix}\varphi \\
&=\begin{bmatrix}
D_x(\mu\ \nabla^2) & D_y^2 & -D_x D_y \\
D_y(\mu\ \nabla^2) & -D_x D_y & D_x^2 \\
(\mu\ \nabla^2)^2 & -D_x(\mu\ \nabla^2) & -D_y(\mu\ \nabla^2)
\end{bmatrix}\frac{-1}{8\pi\mu}r^2\ln r
\end{aligned}
\tag{3-92}
$$

所以二维斯托克斯方程[7-10]数值解可以表示为基本解的线性累加：

$$
\begin{aligned}
u(x,y)=\frac{1}{8\pi\mu}\Bigg\{ &\sum_{j=1}^{N}\alpha_j^x\left[-2\ln r+\frac{2\,(x-s_j^x)^2}{r^2}-3\right]+ \\
&\sum_{j=1}^{N}\alpha_j^y\left[\frac{2(x-s_j^x)(y-s_j^y)}{r^2}\right]\Bigg\}
\end{aligned}
\tag{3-93}
$$

$$
\begin{aligned}
v(x,y)=\frac{1}{8\pi\mu}\Bigg\{ &\sum_{j=1}^{N}\alpha_j^x\left[\frac{2(x-s_j^x)(y-s_j^y)}{r^2}\right]+ \\
&\sum_{j=1}^{N}\alpha_j^y\left[-2\ln r+\frac{2(y-s_j^y)^2}{r^2}-3\right]\Bigg\}
\end{aligned}
\tag{3-94}
$$

求解思路：$2N$ 个未知数，每一个边界点有 x 及 y 方向的已知速度条件，所以每一个边界点可以提供两个代数方程式，所以会有 $2N$ 条代数方程式。

将系数求出后，可以计算速度、压力、流线与涡度，如下：

$$
p(x,y)=\frac{1}{2\pi}\left(\sum_{j=1}^{N}\alpha_j^x\frac{x-s_j^x}{r^2}+\sum_{j=1}^{N}\alpha_j^y\frac{y-s_j^y}{r^2}\right)
\tag{3-95}
$$

$$\Psi(x,y) = \frac{1}{8\pi\mu}\Big[\sum_{j=1}^{N}\alpha_j^x[-2(y-s_j^y)\ln r - (y-s_j^y)] +$$

$$\sum_{j=1}^{N}\alpha_j^y[2(x-s_j^x)\ln r + (x-s_j^x)]\Big\}$$ (3-96)

3.7 MFS 求解双调和方程

已知双调和方程（Biharmonic equation）的一般形式为

$$\Delta\Delta T(x,y) = 0 \quad (x,y)\in\Omega$$ (3-97)

假定边界条件为

$$T(x,y) = f(x,y) \quad (x,y)\in\partial\Omega$$ (3-98)

$$\frac{\partial T(x,y)}{\partial n} = g(x,y) \quad (x,y)\in\partial\Omega$$ (3-99)

在流体力学中的 Stokes 流，若以流线函数来表示，则可以写成双调和方程的形式[11]。

这里直接给出双调和方程的基本解，具体推导可自行参考相关文献：

$$u^{2D,B}(\vec{x},\vec{s}) = |\vec{x}-\vec{s}|^2\ln(|\vec{x}-\vec{s}|) = r^2\ln r$$ (3-100)

所以数值解可以表示为基本解的线性累加：

$$T(x,y) = \sum_{j=1}^{N}\alpha_j r_j^2\ln r_j + \sum_{j=1}^{N}\beta_j\ln r_j$$ (3-101)

请注意：在求解双调和方程的问题中，每一个点有两个边界条件。

对第 1 点而言，会有两条线性代数方程式产生：

$$f(x_1,y_1) = \sum_{j=1}^{N}\alpha_j r_{1j}^2\ln r_{1j} + \sum_{j=1}^{N}\beta_{1j}\ln r_{1j}$$ (3-102)

$$g(x_1,y_1) = \sum_{j=1}^{N}\alpha_j\frac{\partial(r_{1j}^2\ln r_{1j})}{\partial n} + \sum_{j=1}^{N}\beta_{1j}\frac{\partial(\ln r_{1j})}{\partial n}$$ (3-103)

同理，最后所组成的线性联立系统是：$2N$ 个方程式与 $2N$ 个未知数。其余步骤与前文相同。

本节内容仅对部分方程式进行演示，其余方程式的基本解可以参考应用数学方面的书籍[12]，或是边界元素法的书籍，或是相关文献[13]。

3.8 BKM 求解亥姆霍兹方程

已知亥姆霍兹方程的基本解为

$$u(x,y) = \sum_{j=1}^{N}\alpha_j u^{2D,H}(\vec{x},\vec{s}_j)$$ (3-104)

$$u(x,y) = \sum_{j=1}^{N} \alpha_j \left[\frac{-i}{4} H_0^{(2)}(k \mid \vec{x} - \vec{s}_j \mid) \right] \qquad (3-105)$$

式中：$H_0^{(2)}$ 为第二类 0 阶 Hankel 函数，由式（3−51）至式（3−54），基本解可以表示为

$$u(x,y) = \sum_{j=1}^{N} \alpha_j J_0(k \mid \vec{x} - \vec{s}_j \mid) \qquad (3-106)$$

在边界点法（BKM）中，这样的表示法可以将源点（source）直接放到边界上，可以避免选取源点（source）位置的困扰，同时也不会有奇异性的问题发生。求解步骤如下[14-19]：

步骤一： 在边界上选取 N 个点（$N=6$），(x_j, y_j) $j=1$，2，3，4，5，6，如图 3−6 所示。

步骤二： 将数值解表示成基本解的线性累加：$u(x,y) = \sum_{j=1}^{N} \alpha_j J_0(k \mid \vec{x} - \vec{s}_j \mid)$

$$\begin{Bmatrix} f(x_1,y_1) \\ f(x_2,y_2) \\ f(x_3,y_3) \\ f(x_4,y_4) \\ f(x_5,y_5) \\ f(x_6,y_6) \end{Bmatrix}_{6 \times 1} = [\boldsymbol{\Phi}]_{6 \times 6} \begin{Bmatrix} \alpha_1 \\ \alpha_2 \\ \alpha_3 \\ \alpha_4 \\ \alpha_5 \\ \alpha_6 \end{Bmatrix}_{6 \times 1} \qquad (3-107)$$

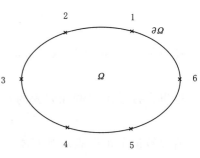

图 3−6　边界点法布点示意图

其中：$r_{ij} = \mid \vec{x} - \vec{s}_j \mid$；$\Phi_{ij} = J_0(kr_{ij})$。

步骤三： 通过矩阵左除求得系数 α：$\{\boldsymbol{\alpha}\} = [\boldsymbol{\Phi}]^{-1}\{\boldsymbol{f}\}$。

步骤四： 未知数 α 求得之后，可以通过 $u(x,y) = \sum_{j=1}^{N} \alpha_j J_0(k \mid \vec{x} - \vec{s}_j \mid)$ 计算内部任意点的值。

注：求解三维问题时，使用 $J_0 = \dfrac{\sin(kr_{ij})}{r_{ij}}$。

3.9　BKM 求解修正亥姆霍兹方程

已知修正的亥姆霍兹方程的基本解为

$$u(x,y) = \sum_{j=1}^{N} \alpha_j u^{2D,M}(\vec{x}, \vec{s}_j) \qquad (3-108)$$

$$u(x,y) = \sum_{j=1}^{N} \alpha_j \left[\frac{1}{2\pi} K_0(k \mid \vec{x} - \vec{s}_j \mid) \right] \qquad (3-109)$$

式中：$K_0()$ 为 0 阶第二类修正贝塞尔函数（the modified Bessel function of the second kind of order zero）。

基本解为

$$u(x,y) = \sum_{j=1}^{N} \alpha_j I_0(k \mid \vec{x} - \vec{s}_j \mid) \qquad (3-110)$$

同理，这样的表示法可以将源点（source）直接放到边界上，可以避免选取源点（source）位置的困扰，同时也不会有奇异性的问题发生。求解步骤如下[14-19]：

步骤一：在边界上选取 N 个点（$N=6$），$(x_j, y_j)j=1,2,3,4,5,6$，如图 3-6 所示。

步骤二：将数值解表示成基本解的线性累加：

$$u(x,y) = \sum_{j=1}^{N} \alpha_j I_0(k \mid \vec{x} - \vec{s}_j \mid)$$

$$\begin{Bmatrix} f(x_1,y_1) \\ f(x_2,y_2) \\ f(x_3,y_3) \\ f(x_4,y_4) \\ f(x_5,y_5) \\ f(x_6,y_6) \end{Bmatrix}_{6\times1} = [\boldsymbol{\Phi}]_{6\times6} \begin{Bmatrix} \alpha_1 \\ \alpha_2 \\ \alpha_3 \\ \alpha_4 \\ \alpha_5 \\ \alpha_6 \end{Bmatrix}_{6\times1} \qquad (3-111)$$

其中：$r_{ij} = \mid \vec{x} - \vec{s}_j \mid$；$\Phi_{ij} = J_0(kr_{ij})$。

步骤三：通过矩阵左除求得系数 α：$\{\boldsymbol{\alpha}\} = [\boldsymbol{\Phi}]^{-1}\{\boldsymbol{f}\}$。

步骤四：未知数 α 求得之后，可以通过 $u(x,y) = \sum_{j=1}^{N} \alpha_j J_0(k \mid \vec{x} - \vec{s}_j \mid)$ 计算内部任意点的值。

注：求解三维问题时，使用 $J_0 = \dfrac{\sin(kr_{ij})}{r_{ij}}$。

表 3-1 和表 3-2 分别给出了常用的微分算子的奇异基本解和常用微分算子的非奇异通解或调和解提供读者参考。

表 3-1   常用微分算子的奇异基本解

L	2D	3D
Δ	$-\dfrac{1}{2\pi}\ln r$	$\dfrac{1}{4\pi r}$
$\Delta + \lambda^2$	$\dfrac{1}{2\pi}Y_0(\lambda r)$	$\dfrac{\cos\lambda r}{4\pi r}$
$\Delta - \lambda^2$	$\dfrac{1}{2\pi}K_0(\lambda r)$	$\dfrac{e^{-\lambda r}}{4\pi r}$
$\Delta + v\,\nabla - \lambda^2$	$\dfrac{1}{2\pi}K_0(\mu r)e^{-vr/2}$	$\dfrac{e^{-\lambda r}}{4\pi r}e^{-vr/2}$

表 3 - 2　　　　　　　　　常用微分算子的非奇异通解或调和解

L	2D	3D
Δ	$\exp(-c(x_1^2-x_2^2))\cos(2cx_1x_2)$	$\exp[-c(x_1^2-x_2^2)]\cos(2cx_1x_2)+$ $\exp[-c(x_2^2-x_3^2)]\cos(2cx_2x_3)+$ $\exp[-c(x_3^2-x_1^2)]\cos(2cx_1x_3)$
$\Delta+\lambda^2$	$J_0(\lambda r)$	$\dfrac{\sin(\lambda r)}{r}$
$\Delta-\lambda^2$	$I_0(\lambda r)$	$\dfrac{\sinh(\lambda r)}{r}$
$\Delta+v\,\nabla-\lambda^2$	$I_0(\mu r)\mathrm{e}^{-vr/2}$	$\dfrac{\sinh(\mu r)}{r}\mathrm{e}^{-vr/2}$

读者还可以详细参考文献［20］至文献［32］，以对相关内容有更深刻的理解。

3.10　参考习题

3 - 1　请参考大学时期工程数学用书，说明偏微分方程式可分为几类？并举例说明。

3 - 2　请使用 MFS 求解下列边界值问题。

计算区域：$0<x<1$　$0<y<1$

控制方程式：$\nabla^2u=0$

边界条件：$u(0,y)=0$　$u(1,y)=0$　$u(x,0)=0$　$u(x,1)=1$，示意图如图 3 - 7 所示。

3 - 3　基于求解前一小题之边界值问题之后，并讨论：

（1）边界点数与误差的关系

（2）源点位置与误差的关系

$$\vec{s}=\vec{x}_c+\sigma(\vec{x}_b-\vec{x}_c)$$

$$error=\underset{j}{\mathrm{Max}}|u_j^{MFS}-u_j^{series}|$$

3 - 4　使用 BKM 求解二维修正亥姆霍兹方程（BKM for modified Helmholtz equation）：

控制方程：

$$\nabla^2u(x,y)-k^2u(x,y)=0,(x,y)\in\Omega,k=\sqrt{2}$$

边界条件：

$$u(x,y)=\mathrm{e}^{x+y},(x,y)\in\partial\Omega$$

计算域：

$$\Omega\in\{(x,y)\,|\,x=1.1\cos\theta,y=1.2\sin\theta,0\leqslant\theta\leqslant2\pi\}$$

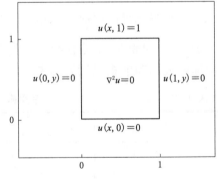

图 3 - 7　计算域布置图

解析解：$u(x,y)=e^{x+y}$

请计算不同点数所对应的误差值，误差的定义请自行决定。

参 考 文 献

[1] KUPRADZE V D, ALEKSIDZE M A. The method of functional equations for the approximate solution of certain boundary value problems [J]. Ussr Comp. math. & Math. phys, 1964, 4 (4): 82 – 126.

[2] MATHON R, JOHNSTON R L. The approximate solution of elliptic boundary – value problems by fundamental solutions [J]. SIAM Journal on Numerical Analysis, 1977, 14: 638 – 650.

[3] BOGOMOLNY A. Fundamental solutions method for elliptic boundary value problems [J]. SIAM Journal on Numerical Analysis, 1985, 22: 644 – 669.

[4] RAAMACHANDRAN J. Bending of plates with varying thickness by charge simulation method [J]. Engineering Analysis with Boundary Elements, 1992, 10: 143 – 145.

[5] BURGESS G, MAHAJERIN E. The fundamental collocation method applied to the nonlinear poisson equation in two dimensions [J]. Computers & Structures, 1987, 27 (6): 763 – 767.

[6] BURGESS G, MAHAJERIN E. A comparison of the boundary element and superposition methods [J]. Computers & Structures, 1984, 19 (5 – 6): 697 – 705.

[7] C J S ALVES, A L SILVESTRE. Density results using Stokeslets and a method of fundamental solutions for the Stokes equations [J]. Engineering Analysis with Boundary Elements, 2004.

[8] YOUNG D L, JANE S J, FAN C M, et al. The method of fundamental solutions for 2D and 3D Stokes flows [J]. Journal of Computational Physics, 2006, 211 (1): 1 – 8.

[9] CHEN C W, YOUNG D L, Tsai C C, et al. The method of fundamental solutions for inverse 2D Stokes problems [J]. Computational Mechanics, 2005, 37 (1): 2 – 14.

[10] MARIN L, LESNIC D. The method of fundamental solutions for the Cauchy problem in two – dimensional linear elasticity [J]. International Journal of Solids & Structures, 2004, 41 (13): 3425 – 3438.

[11] YOUNG D L, CHIU C L, Fan C M, et al. Method of fundamental solutions for multidimensional Stokes equations by the dual – potential formulation [J]. European Journal of Mechanics – B/Fluids, 2006, 25 (6): 877 – 893.

[12] KEVORKIAN J. Partial Differential Equations: Analytical Solution Techniques [J]. The Mathematical Gazette, 2000, 74 (469).

[13] KYTHE P K. Fundamental Solutions for Differential Operators and Applications [M]. Birkhauser, Boston, 1996.

[14] CHEN W. A meshless, integration – free, and boundary – only RBF technique [J]. Computers & Mathematics with Applications, 2002, 43 (3 – 5): 379 – 391.

[15] W Chen, Symmetric boundary knot method [J]. Engineering Analysis with Boundary Elements, 2002, 26: 489 – 494.

[16] HON Y C, CHEN W. Boundary knot method for 2D and 3D Helmholtz and convection – diffusion problems under complicated geometry [J]. International Journal for Numerical Methods in Engineering, 2010, 56 (13): 1931 – 1948.

[17] CHEN W, SHEN L J, Shen Z J, et al. Boundary knot method for Poisson equations [J]. Engineering Analysis with Boundary Elements, 2005, 29: 756 – 760.

[18] J Bangti, ZHENG Yao. Boundary knot method for some inverse problems associated with the Helmholtz equation [J]. International Journal for Numerical Methods in Engineering, 2005.

[19]　JIN B，CHEN W. Boundary knot method based on geodesic distance for anisotropic problems [J]. Journal of Computational Physics，2006，215 (2)：614 - 629.

[20]　YOUNG D L，HU S P，Chen C W，et al. Analysis of elliptical waveguides by the method of fundamental solutions [J]. Microwave & Optical Technology Letters，2010，44 (6)：552 - 558.

[21]　YOUNG D L，FAN C M，TSAI C C，et al. The method of fundamental solutions and domain decomposition method for degenerate seepage flownet problems [J]. Journal of the Chinese Institute of Engineers，2006，29 (1)：63 - 73.

[22]　XIAO L F，YANG J M，PENG T，et al. A meshless numerical wave tank for simulation of nonlinear irregular waves in shallow water [J]. International Journal for Numerical Methods in Fluids，2009，61 (2)：165 - 184.

[23]　YOUNG D，TSAI C，MURUGESAN K，et al. Time - dependent fundamental solutions for homogeneous diffusion problems [J]. Engineering Analysis with Boundary Elements，2004，28 (12)：1463 - 1473.

[24]　CHEN C S，GOLBERG M A，HON Y C. The method of fundamental solutions and quasi - Monte - Carlo method for diffusion equations [J]. International Journal for Numerical Methods in Engineering，2015，43 (8)：1421 - 1435.

[25]　MERA N S. The method of fundamental solutions for the backward heat conduction problem [J]. Inverse Problems in Science and Engineering，2005，13 (1)：65 - 78.

[26]　YOUNG D L，TSAI C C，FAN C M. Direct approach to solve nonhomogeneous diffusion problems using fundamental solutions and dual reciprocity methods [J]. Journal of the Chinese Institute of Engineers，2004，27 (4)：597 - 609.

[27]　HON Y C，WEI T. A fundamental solution method for inverse heat conduction problem [J]. Engineering Analysis with Boundary Elements，2004，28：489 - 495.

[28]　DONG C F. An extended method of time - dependent fundamental solutions for inhomogeneous heat conduction [J]. Engineering Analysis with Boundary Elements，2009，33 (5)：717 - 725.

[29]　HU S P，FAN C M，CHEN C W，et al. Method of Fundamental Solutions for Stokes ' First and Second Problems [J]. Journal of Mechanics，2005，21 (1)：25 - 31.

[30]　KYTHE P K. Fundamental Solutions for Differential Operators and Applications [M]，Birkhauser，Boston，1996.

[31]　Y F RASHED. Tutorial 5：fundamental solutions：II - matrix operators [J]. Boundary Element Communications，2002，13：35 - 45.

[32]　CHEN W，FU Z J，Jin B T. A truly boundary - only meshfree method for inhomogeneous problems based on recursive composite multiple reciprocity technique [J]. Engineering Analysis with Boundary Elements，2010，34 (3)：196 - 205.

第4章 特 解 法

基于径向基函数的无网格法发展迅速，特别是在解决一般的偏微分方程时，具有方便、快捷、计算精度高等优点，逐渐被广大专家学者所接受。1990 年，Dehghan[1]证明了基于径向基函数的 Kansa 方法，并应用该方法处理了偏微分方程中的多元数据，对离散数据进行了逼近，最后给出了偏微分方程的数值解。而本章所介绍的特解法（MPS）则是基于 Kansa 方法发展而来的，两种方法类似，但在求解偏微分方程过程中，相比较，本章所介绍的特解法（MPS）将会更为精确与有效。

4.1 求解泊松方程

已知泊松方程式（Poisson equation）为

$$\nabla^2 u(x,y)=b(x,y),(x,y)\in\Omega \tag{4-1}$$

假定边界条件（Dirichlet BC，first kind BC）为

$$u(x,y)=f(x,y),(x,y)\in\partial\Omega \tag{4-2}$$

因为控制方程式为线性微分方程式，求解方式将解进行拆分：

$$u(x,y)=u_p(x,y)+u_h(x,y) \tag{4-3}$$

式中：$u_p(x,y)$ 为特解（particular solution）；$u_h(x,y)$ 为齐次解（homogeneous solution）。下面分别进行求解，即

（1）特解部分。控制方程式（Poisson equation）：

$$\nabla^2 u_p(x,y)=b(x,y),(x,y)\in\Omega \tag{4-4}$$

不需要满足任何边界条件（特解不唯一）。

（2）齐次解部分。控制方程式（Laplace equation）：

$$\nabla^2 u_h(x,y)=0,(x,y)\in\Omega \tag{4-5}$$

边界条件（经由特解修正的边界条件）：

$$u_h(x,y)=f(x,y)-u_p(x,y),(x,y)\in\partial\Omega \tag{4-6}$$

步骤一：使用特解法求解控制方程式的特解 u_p。

该步骤需要用到 RBF：径向基函数 ［Radial Basis Function，$\phi(r)\Phi(r)$］，已知控制方程式为

$$\nabla^2 u_p(x,y)=b(x,y),(x,y)\in\Omega \tag{4-7}$$

式中：$b(x,y)$ 为已知函数，用 RBF 来作插值。

$$b(x,y)=\sum_{j=1}^{m}\alpha_j\phi(r_j),r_j=|\vec{x}-\vec{x_j}| \tag{4-8}$$

将式（4-8）的 α_j 求出之后，特解可以表示为

$$u_p(x,y) = \sum_{j=1}^{m} \alpha_j \Phi(r_j) \tag{4-9}$$

其中 $\phi(r)$ 与 $\Phi(r)$ 满足原始的方程式：

$$\nabla^2 \Phi(r) = \phi(r) \tag{4-10}$$

$$\nabla^2 u_p(x,y) = \nabla^2 \left[\sum_{j=1}^{m} \alpha_j \Phi(r_j) \right] = \sum_{j=1}^{m} \alpha_j \nabla^2 \Phi(r_j) = \sum_{j=1}^{m} \alpha_j \phi(r_j) = b(x,y) \tag{4-11}$$

上式中需要用到的径向基函数，常用 $\phi(r)$ 与 $\Phi(r)$ 表示，见表 4-1。

表 4-1　　　　　　　　　　　常用径向基函数

$\phi(r)$	$\Phi(r)$	$\phi(r)$	$\Phi(r)$
$\sqrt{r^2+c^2}$	$\dfrac{1}{9}(4c^2+r^2)\sqrt{r^2+c^2}-\dfrac{c^3}{3}\ln(c+\sqrt{r^2+c^2})$	r^{2n-1}	$\dfrac{1}{(2n+1)^2}r^{2n+1}$
$r^{2n}\ln(r)$	$\dfrac{r^{2n+2}}{4(n+1)^2}\ln(r)-\dfrac{r^{2n+2}}{4(n+1)^3}$		

首先，如图 4-1 所示，在计算域中选取 m 个点，本例中取 $m=7$，其中包含内部点与边界点。

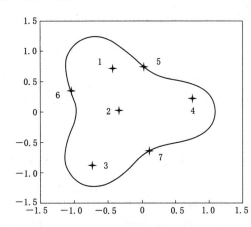

图 4-1　求特解计算域布点图

并且，这些点满足控制方程式：

$$\nabla^2 u_p(x,y) = b(x,y), (x,y) \in \Omega \tag{4-12}$$

其次，因为 $b(x,y)$ 为已知函数，所以这 7 个点上的值是已知的，即：$b(x_1, y_1)$、$b(x_2, y_2)$、$b(x_3, y_3)$、$b(x_4, y_4)$、$b(x_5, y_5)$、$b(x_6, y_6)$、$b(x_7, y_7)$ 代入式（4-12）：$b(x,y) = \sum_{j=1}^{m} \alpha_j \phi(r_j)$ 选取 $\phi(r) = r^9 (n=5)$。

根据第 1 点的 $b(x_1, y_1)$ 可以得到：

$$b(x_1, y_1) = \sum_{j=1}^{7} \alpha_j r_{1j}^9 \tag{4-13}$$

$$b(x_1, y_1) = \alpha_1 r_{11}^9 + \alpha_2 r_{12}^9 + \alpha_3 r_{13}^9 + \alpha_4 r_{14}^9 + \alpha_5 r_{15}^9 + \alpha_6 r_{16}^9 + \alpha_7 r_{17}^9 \tag{4-14}$$

其中 $r_{ij} = |\vec{x_i} - \vec{x_j}|$。

同理，第 2 点可得

$$b(x_2, y_2) = \alpha_1 r_{21}^9 + \alpha_2 r_{22}^9 + \alpha_3 r_{23}^9 + \alpha_4 r_{24}^9 + \alpha_5 r_{25}^9 + \alpha_6 r_{26}^9 + \alpha_7 r_{27}^9 \tag{4-15}$$

第 3 点可得

$$b(x_3, y_3) = \alpha_1 r_{31}^9 + \alpha_2 r_{32}^9 + \alpha_3 r_{33}^9 + \alpha_4 r_{34}^9 + \alpha_5 r_{35}^9 + \alpha_6 r_{36}^9 + \alpha_7 r_{37}^9 \tag{4-16}$$

第 4 点可得

$$b(x_4,y_4)=\alpha_1 r_{41}^9+\alpha_2 r_{42}^9+\alpha_3 r_{43}^9+\alpha_4 r_{44}^9+\alpha_5 r_{45}^9+\alpha_6 r_{46}^9+\alpha_7 r_{47}^9 \qquad (4-17)$$

第 5 点可得

$$b(x_5,y_5)=\alpha_1 r_{51}^9+\alpha_2 r_{52}^9+\alpha_3 r_{53}^9+\alpha_4 r_{54}^9+\alpha_5 r_{55}^9+\alpha_6 r_{56}^9+\alpha_7 r_{57}^9 \qquad (4-18)$$

第 6 点可得

$$b(x_6,y_6)=\alpha_1 r_{61}^9+\alpha_2 r_{62}^9+\alpha_3 r_{63}^9+\alpha_4 r_{64}^9+\alpha_5 r_{65}^9+\alpha_6 r_{66}^9+\alpha_7 r_{67}^9 \qquad (4-19)$$

第 7 点可得

$$b(x_7,y_7)=\alpha_1 r_{71}^9+\alpha_2 r_{72}^9+\alpha_3 r_{73}^9+\alpha_4 r_{74}^9+\alpha_5 r_{75}^9+\alpha_6 r_{76}^9+\alpha_7 r_{77}^9 \qquad (4-20)$$

将这 7 条线性代数方程式整理可得

$$\begin{Bmatrix} b_1 \\ b_2 \\ b_3 \\ b_4 \\ b_5 \\ b_6 \\ b_7 \end{Bmatrix} = \begin{bmatrix} r_{11}^9 & r_{12}^9 & r_{13}^9 & r_{14}^9 & r_{15}^9 & r_{16}^9 & r_{17}^9 \\ r_{21}^9 & r_{22}^9 & r_{23}^9 & r_{24}^9 & r_{25}^9 & \cdots & r_{27}^9 \\ r_{31}^9 & r_{32}^9 & \cdots & \cdots & \cdots & \cdots & r_{37}^9 \\ r_{41}^9 & \cdots & \cdots & \cdots & \cdots & \cdots & r_{47}^9 \\ r_{51}^9 & \cdots & \cdots & \cdots & \cdots & \cdots & r_{57}^9 \\ r_{61}^9 & r_{62}^9 & \cdots & \cdots & \cdots & \cdots & r_{67}^9 \\ r_{71}^9 & r_{72}^9 & r_{73}^9 & \cdots & \cdots & \cdots & r_{77}^9 \end{bmatrix} \begin{Bmatrix} \alpha_1 \\ \alpha_2 \\ \alpha_3 \\ \alpha_4 \\ \alpha_5 \\ \alpha_6 \\ \alpha_7 \end{Bmatrix}$$

$$\begin{Bmatrix} \alpha_1 \\ \alpha_2 \\ \alpha_3 \\ \alpha_4 \\ \alpha_5 \\ \alpha_6 \\ \alpha_7 \end{Bmatrix} = \begin{bmatrix} r_{11}^9 & r_{12}^9 & r_{13}^9 & r_{14}^9 & r_{15}^9 & r_{16}^9 & r_{17}^9 \\ r_{21}^9 & r_{22}^9 & r_{23}^9 & r_{24}^9 & r_{25}^9 & \cdots & r_{27}^9 \\ r_{31}^9 & r_{32}^9 & \cdots & \cdots & \cdots & \cdots & r_{37}^9 \\ r_{41}^9 & \cdots & \cdots & \cdots & \cdots & \cdots & r_{47}^9 \\ r_{51}^9 & \cdots & \cdots & \cdots & \cdots & \cdots & r_{57}^9 \\ r_{61}^9 & r_{62}^9 & \cdots & \cdots & \cdots & \cdots & r_{67}^9 \\ r_{71}^9 & r_{72}^9 & r_{73}^9 & \cdots & \cdots & \cdots & r_{77}^9 \end{bmatrix}^{-1} \begin{Bmatrix} b_1 \\ b_2 \\ b_3 \\ b_4 \\ b_5 \\ b_6 \\ b_7 \end{Bmatrix}$$

最后，$\{\alpha\}_{7\times1}$ 求出之后代入特解的表示式，就可以求出任意位置的点的特解，即

$$u_p(x,y)=\sum_{j=1}^{7}\alpha_j\Phi(r_j)=\sum_{j=1}^{7}\alpha_j\left(\frac{r_j^{11}}{11^2}\right) \qquad (4-21)$$

假设要求得第 8 点（x_8，y_8）的特解：

$$u_p(x_8,y_8)=\sum_{j=1}^{7}\alpha_j\left(\frac{r_{8j}^{11}}{11^2}\right) \qquad (4-22)$$

将上式展开即可得

$$u_p(x_8,y_8)=\alpha_1\left(\frac{r_{81}^{11}}{11^2}\right)+\alpha_2\left(\frac{r_{82}^{11}}{11^2}\right)+\alpha_3\left(\frac{r_{83}^{11}}{11^2}\right)+\alpha_4\left(\frac{r_{84}^{11}}{11^2}\right)+\alpha_5\left(\frac{r_{85}^{11}}{11^2}\right)+\alpha_6\left(\frac{r_{86}^{11}}{11^2}\right)+\alpha_7\left(\frac{r_{87}^{11}}{11^2}\right)$$

步骤二：求解齐次解 u_h。

特解求出之后就可以采用 MFS 求解齐次解 u_h，已知控制方程式（Laplace equation）为

$$\nabla^2 u_h(x,y)=0,(x,y)\in\Omega \qquad (4-23)$$

边界条件（经由特解修正的边界条件）为

$$u_h(x,y) = f(x,y) - u_p(x,y) \quad (x,y) \in \partial\Omega \tag{4-24}$$

首先，如图 4-2 所示，在边界与计算域之外各选择 4 个点：4 个边界点与 4 个源点（source）。

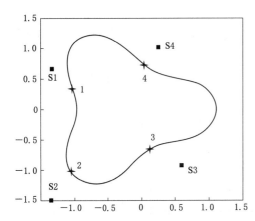

图 4-2 求齐性解计算域布点图

其次，根据 MFS 可以将解表示为基本解的累加：

$$u_h(x,y) = \sum_{j=1}^{4}\beta_j \ln r_j, \ r_j = |\vec{x} - \vec{s_j}| \tag{4-25}$$

边界条件是已知的，所以第 1 点可以表示为

$$f(x_1,y_1) - u_p(x_1,y_1) = \sum_{j=1}^{4}\beta_j \ln r_{1j} \tag{4-26}$$

$$f(x_1,y_1) - u_p(x_1,y_1) = \sum_{j=1}^{4}\beta_j \ln r_{1j} \tag{4-27}$$

$$f(x_1,y_1) - u_p(x_1,y_1) = \beta_1 \ln r_{11} + \beta_2 \ln r_{12} + \beta_3 \ln r_{13} + \beta_4 \ln r_{14} \tag{4-28}$$

同理，第 2 点可以表示为

$$f(x_2,y_2) - u_p(x_2,y_2) = \beta_1 \ln r_{21} + \beta_2 \ln r_{22} + \beta_3 \ln r_{23} + \beta_4 \ln r_{24} \tag{4-29}$$

第 3 点可以表示为

$$f(x_3,y_3) - u_p(x_3,y_3) = \beta_1 \ln r_{31} + \beta_2 \ln r_{32} + \beta_3 \ln r_{33} + \beta_4 \ln r_{34} \tag{4-30}$$

第 4 点可以表示为

$$f(x_4,y_4) - u_p(x_4,y_4) = \beta_1 \ln r_{41} + \beta_2 \ln r_{42} + \beta_3 \ln r_{43} + \beta_4 \ln r_{44} \tag{4-31}$$

整理之后可得：

$$\begin{Bmatrix} f(x_1,y_1) - u_p(x_1,y_1) \\ f(x_2,y_2) - u_p(x_2,y_2) \\ f(x_3,y_3) - u_p(x_3,y_3) \\ f(x_4,y_4) - u_p(x_4,y_4) \end{Bmatrix}_{4\times1} = \begin{bmatrix} \ln r_{11} & \ln r_{12} & \ln r_{13} & \ln r_{14} \\ \ln r_{21} & \ln r_{22} & \ln r_{23} & \ln r_{24} \\ \ln r_{31} & \ln r_{32} & \ln r_{33} & \ln r_{34} \\ \ln r_{41} & \ln r_{42} & \ln r_{43} & \ln r_{44} \end{bmatrix}_{4\times4} \begin{Bmatrix} \beta_1 \\ \beta_2 \\ \beta_3 \\ \beta_4 \end{Bmatrix}_{4\times1}$$

$$\begin{Bmatrix} \beta_1 \\ \beta_2 \\ \beta_3 \\ \beta_4 \end{Bmatrix} = \begin{bmatrix} \ln r_{11} & \ln r_{12} & \ln r_{13} & \ln r_{14} \\ \ln r_{21} & \ln r_{22} & \ln r_{23} & \ln r_{24} \\ \ln r_{31} & \ln r_{32} & \ln r_{33} & \ln r_{34} \\ \ln r_{41} & \ln r_{42} & \ln r_{43} & \ln r_{44} \end{bmatrix}^{-1} \begin{Bmatrix} f(x_1,y_1) - u_p(x_1,y_1) \\ f(x_2,y_2) - u_p(x_2,y_2) \\ f(x_3,y_3) - u_p(x_3,y_3) \\ f(x_4,y_4) - u_p(x_4,y_4) \end{Bmatrix}$$

最后，求出 $\{\beta\}$ 之后，场内的任何点的齐次解就可以求出：

$$u_h(x,y) = \sum_{j=1}^{4}\beta_j \ln r_j \tag{4-32}$$

将特解与齐性解相加就可以得到问题的解：

$$u(x,y)=u_p(x,y)+u_h(x,y) \qquad (4-33)$$

$$u(x,y)=\sum_{j=1}^{7}\alpha_j\left(\frac{r_j^{11}}{11^2}\right)+\sum_{j=1}^{4}\beta_j\ln r_j \qquad (4-34)$$

4.2 直接积分求径向基函数

径向基函数的推导中较为常见的是直接积分推导，下面用一个具体例子进行演示说明。

$$\nabla^2\Phi(r)=\phi(r) \qquad (4-35)$$

将式（4-35）转化成柱坐标形式：

$$2\mathrm{D}:\nabla^2=\frac{\partial^2}{\partial x^2}+\frac{\partial^2}{\partial y^2}=\frac{1}{r}\frac{\partial}{\partial r}\left(r\frac{\partial}{\partial r}\right)+\frac{1}{r^2}\frac{\partial^2}{\partial\theta^2} \qquad (4-36)$$

$$\nabla^2\Phi(r)=\frac{1}{r}\frac{\mathrm{d}}{\mathrm{d}r}\left(r\frac{\mathrm{d}}{\mathrm{d}r}\right)\Phi(r)=\phi(r) \qquad (4-37)$$

$$\frac{\mathrm{d}}{\mathrm{d}r}\left(r\frac{\mathrm{d}}{\mathrm{d}r}\right)\Phi(r)=r\phi(r) \qquad (4-38)$$

$$r\frac{\mathrm{d}}{\mathrm{d}r}\Phi(r)=\int r\phi(r)\mathrm{d}r \qquad (4-39)$$

$$\frac{\mathrm{d}}{\mathrm{d}r}\Phi(r)=\frac{1}{r}\int r\phi(r)\mathrm{d}r \qquad (4-40)$$

$$\Phi(r)=\int\left[\frac{1}{r}\int r\phi(r)\mathrm{d}r\right]\mathrm{d}r \qquad (4-41)$$

$$\phi(r)=r^9 \qquad (4-42)$$

$$r\phi(r)=r^{10} \qquad (4-43)$$

$$\int r\phi(r)\mathrm{d}r=\int r^{10}\mathrm{d}r=\frac{r^{11}}{11} \qquad (4-44)$$

$$\frac{1}{r}\int r\phi(r)\mathrm{d}r=\frac{1}{r}\cdot\frac{r^{11}}{11}=\frac{r^{10}}{11} \qquad (4-45)$$

$$\int\left[\frac{1}{r}\int r\phi(r)\mathrm{d}r\right]\mathrm{d}r=\int\frac{r^{10}}{11}\mathrm{d}r=\frac{r^{11}}{11^2} \qquad (4-46)$$

$$\Phi(r)=\frac{r^{11}}{11^2} \qquad (4-47)$$

不同的 RBF，或是不同的偏微分算子，直接积分不见得都可行。所以到不同的方程式或是采用不同的 RBF 时，建议查询以往的研究，或是可以尝试自己推导，也可以借由软件帮忙。

4.3 求解亥姆霍兹方程

已知亥姆霍兹方程（Helmholtz equation）的控制方程为

$$u_h(x,y) = \sum_{j=1}^{4} \beta_j \ln r_j , \quad (x,y) \in \Omega \tag{4-48}$$

假定边界条件（Dirichlet BC，first kind BC）为

$$u(x,y) = f(x,y), (x,y) \in \partial\Omega \tag{4-49}$$

同理，需要将控制方程式拆解成如下：

$$u(x,y) = u_p(x,y) + u_h(x,y)$$

（1）特解部分。控制方程式：

$$\nabla^2 u_p(x,y) + k^2 u_p(x,y) = b(x,y), (x,y) \in \Omega \tag{4-50}$$

不需要满足任何边界条件

（2）齐性解部分。控制方程式：

$$\nabla^2 u_h(x,y) + k^2 u_h(x,y) = 0, (x,y) \in \Omega \tag{4-51}$$

边界条件（经由特解修正的边界条件）

$$u_h(x,y) = f(x,y) - u_p(x,y), (x,y) \in \partial\Omega \tag{4-52}$$

下面仅简要介绍求解过程，具体方法同前文一致。

步骤一：特解法（MPS-RBF）求解控制方程式的特解 u_p。

1）在计算域中布点，包含内部点和边界点，这些点满足控制方程。

2）控制方程中 $b(x,y)$ 为已知函数，用 RBF 来作插值：

$$b(x,y) = \sum_{j=1}^{m} \alpha_j \phi(r_j), r_j = |\vec{x} - \vec{x_j}| \tag{4-53}$$

3）将式（4-53）的 α_j 求出之后，特解可以表示为

$$u_p(x,y) = \sum_{j=1}^{m} \alpha_j \Phi(r_j) \tag{4-54}$$

其中 $\phi(r)$ 与 $\Phi(r)$ 满足原始的方程式：

$$(\nabla^2 + k^2)\Phi(r) = \phi(r) \tag{4-55}$$

目前只有 $\phi(r) = r^{2n} \ln r$ 所对应的 $\Phi(r)$ 有数学推导，其余 RBF 所对应的特解并没有数学推导。

步骤二：求解齐性解 u_h。

1）在计算域中布点，包含边界点和源点。

2）根据 MFS 可以将解表示为基本解的累加：

$$u_h(x,y) = \sum_{j=1}^{4} \beta_j G(r_j), r_j = |\vec{x} - \vec{s_j}| \tag{4-56}$$

式中：$G(r_j)$ 为控制方程式的基本解。

3）将特解与齐性解相加就可以得到问题的解：

$$u(x,y) = u_p(x,y) + u_h(x,y) \tag{4-57}$$

$$u(x,y) = \sum_{j=1}^{m} \alpha_j \Phi(r_j) + \sum_{j=1}^{n} \beta_j G(r_j) \tag{4-58}$$

4.4 求解修正亥姆霍兹方程

已知控制方程式（Modified Helmholtz equation）为

$$\nabla^2 u(x,y) - k^2 u(x,y) = b(x,y), (x,y) \in \Omega \tag{4-59}$$

边界条件（Dirichlet BC，first kind BC）为

$$u(x,y) = f(x,y), (x,y) \in \partial\Omega \tag{4-60}$$

同理将解拆成：

$$u(x,y) = u_p(x,y) + u_h(x,y) \tag{4-61}$$

（1）特解部分。控制方程式：

$$\nabla^2 u_p(x,y) - k^2 u_p(x,y) = b(x,y), (x,y) \in \Omega \tag{4-62}$$

不需要满足任何边界条件

（2）齐性解部分。控制方程式：

$$\nabla^2 u_h(x,y) - k^2 u_h(x,y) = 0, (x,y) \in \Omega \tag{4-63}$$

边界条件（经由特解修正的边界条件）：

$$u_h(x,y) = f(x,y) - u_p(x,y), (x,y) \in \partial\Omega \tag{4-64}$$

步骤一：特解法（MPS-RBF）求解控制方程式的特解 u_p。

1）在计算域中布点，包含内部点和边界点，这些点满足控制方程。

2）控制方程中 $b(x,y)$ 为已知函数，用 RBF 来作插值：

$$b(x,y) = \sum_{j=1}^{m} \alpha_j \phi(r_j), r_j = |\vec{x} - \vec{x_j}| \tag{4-65}$$

3）将式（4-65）的 α_j 求出之后，特解可以表示为

$$u_p(x,y) = \sum_{j=1}^{m} \alpha_j \Phi(r_j) \tag{4-66}$$

其中 $\phi(r)$ 与 $\Phi(r)$ 满足原始的方程式：

$$(\nabla^2 - k^2)\Phi(r) = \phi(r) \tag{4-67}$$

步骤二：求解齐性解 u_h。

1）在计算域中布点，包含边界点和源点。

2）根据 MFS 可以将解表示为基本解的累加：

$$u_h(x,y) = \sum_{j=1}^{4} \beta_j G(r_j), r_j = |\vec{x} - \vec{s_j}| \tag{4-68}$$

式中：$G(r_j)$ 为控制方程式的基本解。

3）最后将特解与齐性解相加就可以得到问题的解：

$$u(x,y) = u_p(x,y) + u_h(x,y) \tag{4-69}$$

$$u(x,y) = \sum_{j=1}^{m} \alpha_j \Phi(r_j) + \sum_{j=1}^{n} \beta_j G(r_j) \tag{4-70}$$

读者可阅读参考文献 [2] 至文献 [7]，以对本章有更为深刻的理解。

4.5 参考习题

4-1 使用 MPS - MFS 求解二维泊松方程：

控制方程：

$$\nabla^2 u(x,y) = b(x,y), (x,y) \in \Omega$$

边界条件：

$$u(x,y) = f(x,y), (x,y) \in \partial\Omega$$

计算域：

$$\Omega \in \{(x,y) | x = \rho\cos\theta, y = \rho\sin\theta, 0 \leqslant \theta \leqslant 2\pi\}$$

$$\rho = [\cos(3\theta) + \sqrt{2 - \sin^2(3\theta)}]^{\frac{1}{3}}$$

解析解：$u(x,y) = \dfrac{1}{2}\cos(x) + \sin(y) + \dfrac{x^2 + y^2}{2}$

$$f(x,y) = \frac{1}{2}cos(x) + \sin(y) + \frac{x^2 + y^2}{2}, b(x,y) = -\frac{1}{2}\cos(x) - \sin(y) + 2$$

请计算不同点数所对应的误差值，误差的定义请自行决定。

〔采用：$\phi(r) = r^9$〕

参 考 文 献

[1] KANSA E J. Multiquadrics—A scattered data approximation scheme with applications to computational fluid - dynamics—I surface approximations and partial derivative estimates [J]. Computers & Mathematics with Applications，1990，19 (8 - 9)：127 - 145.

[2] Cheng H D. Particular solutions of Laplacian, Helmholtz - type, and polyharmonic operators involving higher order radial basis functions [J]. EngineeringAnalysis with Boundary Elements，2000，24 (7 - 8)：531 - 538.

[3] GOLBERG M A，CHEN C S，Rashed Y F. The annihilator method for computing particular solutions to partial differential equations [J]. Engineering Analysis with Boundary Elements，1999，23 (3)：275 - 279.

[4] MULESHKOV A S, GOLBERG M A, Chen C S. Particular solutions of Helmholtz - type operators using higher order polyhrmonic splines [J]. Computational Mechanics，1999，23 (5 - 6)：411 - 419.

[5] TSI C C, CHENG H D, CHEN C S. Particular solutions of splines and monomials for polyharmonic and products of Helmholtz operators [J]. Engineering Analysis with Boundary Elements，2009，33 (4)：514 - 521.

[6] GOLBERG M A. The method of fundamental solutions for Poisson ' s equation [J]. Engineering Analysis with Boundary Elements，1995.

[7] GOLBERG M A, MULESHKOV A S, CHEN C S, et al. Polynomial particular solutions for certain partial differential operators [J]. Numerical Methods for Partial Differential Equations，2003，19 (1)：112 - 133.

第 5 章 径向基底函数配点法

前面介绍的无网格法各具特点：基本解法（MFS）适用于有基本解的齐次偏微分方程，如：拉普拉斯方程（Laplace equation）、亥姆霍兹方程（Helmholtz equation）、高阶椭圆型偏微分方程（Biharmonic equation）、斯托克斯方程（Stokes equations）。边界点法（BKM）适用于齐次方程（Homogeneous equation），如：亥姆霍兹方程（Helmholtz equation）和修正亥姆霍兹方程（Modified helmholtz equations）。特解法和基本解法（MPS - MFS）适用于有基本解的非齐次偏微分方程（Inhomogeneous partial differential equations），如：泊松方程（Poisson equation）、亥姆霍兹方程（Helmholtz equation）、高阶椭圆型偏微分方程（Biharmonic equation）、斯托克斯方程（Stokes equations）。而本章介绍的径向基底函数配点法（Radial Basis Function Collocation Method，RBFCM）以空间距离为自变量，形式简单，各向同性，对空间维数不敏感，使得在处理高维度问题时比一些其他方法要简单，且是全局性的，几乎不受条件限制，适用于齐次与非齐次偏微分方程且无基本解。

5.1 求解泊松方程

已知控制方程式（Poisson equation）为

$$\nabla^2 u(x,y)=b(x,y)(x,y)\in\Omega \tag{5-1}$$

假定边界条件如图 5-1 所示，一类边界条件 Dirichlet BC 为

$$u(x,y)=f(x,y),(x,y)\in\partial\Omega \tag{5-2}$$

采用 RBFCM 法进行求解[1-2]：

$$u(x,y)=u(\vec{x})=\sum_{j=1}^{N}\alpha_j\phi(r_j),r_j=|\vec{x}-\vec{x}_j| \tag{5-3}$$

式中：$\phi(r_j)$ 为径向基函数可选取 $\sqrt{r^2+c^2}$、r^{2m-1}、$r^{2m}\ln r$ 等形式，其中 $\sqrt{r^2+c^2}$ 精确度较高，c 为形状参数。

步骤一： 在计算域内部 Ω 选择 N_1 个点，边界上 $\partial\Omega$ 选择 N_2 个点，使得总点数 $N=N_1+N_2$。如图 5-2 所示，N_1（内部点数）$=4$，N_2（边界点数）$=3$，N（总点数）$=N_1+N_2=7$。

步骤二： 根据题目定的偏微分方程式与边界条件，在计算域内部的点满足控制方程式，边界上的点满足边界条件。

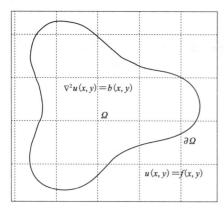

图 5-1 计算域及边界示意图

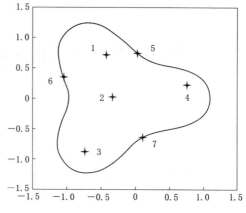

图 5-2 选点示意图

由第 1 个点在计算域内部且满足控制方程式

$$\nabla^2 u(x,y) = b(x,y) \tag{5-4}$$

根据 RBFCM 原理：

$$\nabla^2 u(x,y) = \nabla^2 \sum_{j=1}^{N} \alpha_j \phi(r_j) = \sum_{j=1}^{N} \alpha_j \nabla^2 \phi(r_j) = \sum_{j=1}^{N} \alpha_j \nabla^2 \sqrt{r_j^2 + c^2} = b(x,y) \tag{5-5}$$

选用径向基函数：

$$\sum_{j=1}^{N} \alpha_j \nabla^2 \sqrt{r_j^2 + c^2} = \sum_{j=1}^{N} \alpha_j \frac{r_j^2 + 2c^2}{(r_j^2 + c^2)^{\frac{3}{2}}} = b(x,y) \tag{5-6}$$

将第 1 点坐标代入：

$$(x,y) \rightarrow (x_1,y_1) \quad b(x_1,y_1) = \sum_{j=1}^{7} \alpha_j \frac{r_{1j}^2 + 2c^2}{(r_{1j}^2 + c^2)^{\frac{3}{2}}} \tag{5-7}$$

向量形式：

$$u(x,y) = u(\vec{x}) = \sum_{j=1}^{N} \alpha_j \phi(r_j), r_j = |\vec{x} - \vec{x}_j| \tag{5-8}$$

第 1 个内部点函数值可通过其与其他各点径向基函数表达式和系数 α 的乘积累加之和来表示：

$$b(x_1,y_1) = \alpha_1 \frac{r_{11}^2 + 2c^2}{(r_{11}^2 + c^2)^{\frac{3}{2}}} + \alpha_2 \frac{r_{12}^2 + 2c^2}{(r_{12}^2 + c^2)^{\frac{3}{2}}} + \alpha_3 \frac{r_{13}^2 + 2c^2}{(r_{13}^2 + c^2)^{\frac{3}{2}}} + \alpha_4 \frac{r_{14}^2 + 2c^2}{(r_{14}^2 + c^2)^{\frac{3}{2}}} +$$

$$\alpha_5 \frac{r_{15}^2 + 2c^2}{(r_{15}^2 + c^2)^{\frac{3}{2}}} + \alpha_6 \frac{r_{16}^2 + 2c^2}{(r_{16}^2 + c^2)^{\frac{3}{2}}} + \alpha_7 \frac{r_{17}^2 + 2c^2}{(r_{17}^2 + c^2)^{\frac{3}{2}}} \tag{5-9}$$

同理，第 2 个点也在计算域内部，所以也要满足控制方程式：

$$\nabla^2 u(x,y) = \sum_{j=1}^{7} \alpha_j \frac{r_{1j}^2 + 2c^2}{(r_{1j}^2 + c^2)^{\frac{3}{2}}} = b(x,y) \tag{5-10}$$

$$(x,y) \rightarrow (x_2,y_2) \quad b(x_2,y_2) = \sum_{j=1}^{7} \alpha_j \frac{r_{2j}^2 + 2c^2}{(r_{2j}^2 + c^2)^{\frac{3}{2}}}$$

$$b(x_2,y_2) = \alpha_1 \frac{r_{21}^2 + 2c^2}{(r_{21}^2 + c^2)^{\frac{3}{2}}} + \alpha_2 \frac{r_{22}^2 + 2c^2}{(r_{22}^2 + c^2)^{\frac{3}{2}}} + \alpha_3 \frac{r_{23}^2 + 2c^2}{(r_{23}^2 + c^2)^{\frac{3}{2}}} + \alpha_4 \frac{r_{24}^2 + 2c^2}{(r_{24}^2 + c^2)^{\frac{3}{2}}} +$$

$$\alpha_5 \frac{r_{25}^2 + 2c^2}{(r_{25}^2 + c^2)^{\frac{3}{2}}} + \alpha_6 \frac{r_{26}^2 + 2c^2}{(r_{26}^2 + c^2)^{\frac{3}{2}}} + \alpha_7 \frac{r_{27}^2 + 2c^2}{(r_{27}^2 + c^2)^{\frac{3}{2}}} \tag{5-11}$$

同理，第 3 个与第 4 个点也在计算域内部，所以也要满足控制方程式：

$$(x,y) \rightarrow (x_3,y_3) \quad b(x_3,y_3) = \sum_{j=1}^{7} \alpha_j \frac{r_{3j}^2 + 2c^2}{(r_{3j}^2 + c^2)^{\frac{3}{2}}} \tag{5-12}$$

$$(x,y) \rightarrow (x_4,y_4) \quad b(x_4,y_4) = \sum_{j=1}^{7} \alpha_j \frac{r_{4j}^2 + 2c^2}{(r_{4j}^2 + c^2)^{\frac{3}{2}}} \tag{5-13}$$

由 $N_1(=4)$ 个内部点可以得到 $N_1(=4)$ 条线性代数方程式。

第 5 个点在边界上，所以要满足边界条件。

已知边界条件：

$$u(x,y) = f(x,y) \tag{5-14}$$

根据 RBFCM 原理：

$$u(x,y) = \sum_{j=1}^{7} \alpha_j \phi(r_j) = \sum_{j=1}^{7} \alpha_j \sqrt{r_j^2 + c^2} = f(x,y) \tag{5-15}$$

将第 5 点坐标代入：

$$(x,y) \rightarrow (x_5,y_5) \quad f(x_5,y_5) = \sum_{j=1}^{7} \alpha_j \sqrt{r_{5j}^2 + c^2} \tag{5-16}$$

第 5 个边界点函数值可通过其与其他各点径向基函数表达式和系数 α 的乘积累加之和来表示：

$$f(x_5,y_5) = \alpha_1 \sqrt{r_{51}^2 + c^2} + \alpha_2 \sqrt{r_{52}^2 + c^2} + \alpha_3 \sqrt{r_{53}^2 + c^2} + \alpha_4 \sqrt{r_{54}^2 + c^2} +$$

$$\alpha_5 \sqrt{r_{55}^2 + c^2} + \alpha_6 \sqrt{r_{56}^2 + c^2} + \alpha_7 \sqrt{r_{57}^2 + c^2} \tag{5-17}$$

同理，第 6 个点与第 7 个点也在边界上，所以也要满足边界条件：

$$(x,y) \rightarrow (x_6,y_6) \quad f(x_6,y_6) = \sum_{j=1}^{7} \alpha_j \sqrt{r_{6j}^2 + c^2} \tag{5-18}$$

$$f(x_6,y_6) = \alpha_1 \sqrt{r_{61}^2 + c^2} + \alpha_2 \sqrt{r_{62}^2 + c^2} + \alpha_3 \sqrt{r_{63}^2 + c^2} + \alpha_4 \sqrt{r_{64}^2 + c^2} +$$

$$\alpha_5 \sqrt{r_{65}^2 + c^2} + \alpha_6 \sqrt{r_{66}^2 + c^2} + \alpha_7 \sqrt{r_{67}^2 + c^2} \tag{5-19}$$

$$(x,y) \rightarrow (x_7,y_7) \quad f(x_7,y_7) = \sum_{j=1}^{7} \alpha_j \sqrt{r_{7j}^2 + c^2} \tag{5-20}$$

$$f(x_7,y_7) = \alpha_1 \sqrt{r_{71}^2 + c^2} + \alpha_2 \sqrt{r_{72}^2 + c^2} + \alpha_3 \sqrt{r_{73}^2 + c^2} + \alpha_4 \sqrt{r_{74}^2 + c^2} +$$

$$\alpha_5 \sqrt{r_{75}^2 + c^2} + \alpha_6 \sqrt{r_{76}^2 + c^2} + \alpha_7 \sqrt{r_{77}^2 + c^2} \tag{5-21}$$

由 $N_2(=3)$ 个边界点可以得到 $N_2(=3)$ 条线性代数方程式。

步骤三：将边界点与内部点所形成的代数方程式合成一个线性代数方程式系统。

$$\begin{Bmatrix} b_1 \\ b_2 \\ b_3 \\ b_4 \\ f_5 \\ f_6 \\ f_7 \end{Bmatrix}_{7\times1} = \begin{bmatrix} [A_1]_{4\times7} \\ [A_2]_{3\times7} \end{bmatrix} \begin{Bmatrix} a_1 \\ a_2 \\ a_3 \\ a_4 \\ a_5 \\ a_6 \\ a_7 \end{Bmatrix}_{7\times1}$$

其中：

$$[A_1] = \frac{r_{ij}^2 + 2c^2}{(r_{ij}^2 + c^2)^{\frac{1}{2}}}, i=1,2,3,4, j=1,2,3,\cdots,7 \tag{5-22}$$

$$[A_2] = \sqrt{r_{ij}^2 + c^2}, i=5,6,7, j=1,2,3,\cdots,7 \tag{5-23}$$

$$\{\alpha\}_{7\times1} = \begin{bmatrix} [A_1]_{4\times7} \\ [A_2]_{3\times7} \end{bmatrix}^{-1} \begin{Bmatrix} b_{4\times1} \\ f_{3\times1} \end{Bmatrix}_{7\times1} \tag{5-24}$$

步骤四：将 α 求出来之后，再代回解的表达式。

$$u(x,y) = \sum_{j=1}^{7} \alpha_j \phi(r_j) = \sum_{j=1}^{7} \alpha_j \sqrt{r_j^2 + c^2}$$

就可以得到场内任何一个点的值。例如要求出计算域中第 8 点的值，只要将第 8 点的坐标代入，再算完距离并累加即可。

$$(x,y) \rightarrow (x_8, y_8) \quad u(x_8, y_8) = \sum_{j=1}^{7} \alpha_j \sqrt{r_{8j}^2 + c^2} \tag{5-25}$$

$$u(x_8, y_8) = \alpha_1 \sqrt{r_{81}^2 + c^2} + \alpha_2 \sqrt{r_{82}^2 + c^2} + \alpha_3 \sqrt{r_{83}^2 + c^2} + \alpha_4 \sqrt{r_{84}^2 + c^2} +$$
$$\alpha_5 \sqrt{r_{85}^2 + c^2} + \alpha_6 \sqrt{r_{86}^2 + c^2} + \alpha_7 \sqrt{r_{87}^2 + c^2} \tag{5-26}$$

5.2　求解稳态对流扩散方程

已知控制方程式（Convection-diffusion equation）：

$$\nabla^2 u(x,y) + a(x,y)\frac{\partial u(x,y)}{\partial x} + b(x,y)\frac{\partial u(x,y)}{\partial y} +$$
$$e(x,y)u(x,y) = d(x,y), (x,y) \in \Omega \tag{5-27}$$

假定边界条件（Dirichlet BC, first kind BC）：

$$u(x,y) = f(x,y), (x,y) \in \partial\Omega \tag{5-28}$$

RBFCM 定理：

$$u(x,y) = u(\vec{x}) = \sum_{j=1}^{N} \alpha_j \phi(r_j), r_j = |\vec{x} - \vec{x}_j| \tag{5-29}$$

步骤一：内部点满足控制方程。

$$\nabla^2 u + a\frac{\partial u}{\partial x} + b\frac{\partial u}{\partial y} + eu = d \tag{5-30}$$

将各阶偏微分项离散：

$$\nabla^2 u = \nabla^2 \sum_{j=1}^{N} \alpha_j \phi(r_j) = \sum_{j=1}^{N} \alpha_j \ \nabla^2 \phi(r_j) = \sum_{j=1}^{N} \alpha_j \ \nabla^2 \sqrt{r_j^2 + c^2} = \sum_{j=1}^{N} \alpha_j \ \frac{r_j^2 + 2c^2}{(r_j^2 + c^2)^{\frac{3}{2}}}$$

$$\frac{\partial u}{\partial x} = \frac{\partial}{\partial x} \sum_{j=1}^{N} \alpha_j \ \sqrt{r_j^2 + c^2} = \sum_{j=1}^{N} \alpha_j \ \frac{\partial \sqrt{r_j^2 + c^2}}{\partial x} = \sum_{j=1}^{N} \alpha_j \ \frac{x - x_j}{\sqrt{r_j^2 + c^2}}$$

$$\frac{\partial u}{\partial y} = \frac{\partial}{\partial y} \sum_{j=1}^{N} \alpha_j \ \sqrt{r_j^2 + c^2} = \sum_{j=1}^{N} \alpha_j \ \frac{\partial \sqrt{r_j^2 + c^2}}{\partial y} = \sum_{j=1}^{N} \alpha_j \ \frac{y - y_j}{\sqrt{r_j^2 + c^2}}$$

代入式（5-30）：

$$\sum_{j=1}^{N} \alpha_j \ \frac{r_j^2 + 2c^2}{(r_j^2 + c^2)^{\frac{3}{2}}} + a \sum_{j=1}^{N} \alpha_j \ \frac{x - x_j}{\sqrt{r_j^2 + c^2}} + b \sum_{j=1}^{N} \alpha_j \ \frac{y - y_j}{\sqrt{r_j^2 + c^2}} + e \sum_{j=1}^{N} \alpha_j \ \nabla^2 \sqrt{r_j^2 + c^2} = d$$

整理得：

$$\sum_{j=1}^{N} \alpha_j \left[\frac{r_j^2 + 2c^2}{(r_j^2 + c^2)^{\frac{3}{2}}} + a \ \frac{x - x_j}{\sqrt{r_j^2 + c^2}} + b \ \frac{y - y_j}{\sqrt{r_j^2 + c^2}} + e \sqrt{r_j^2 + c^2} \right] = d \quad (5-31)$$

步骤二：根据内部点满足控制方程的要求。

第 1 点满足控制方程式：

$$(x, y) \rightarrow (x_1, y_1)$$

$$\sum_{j=1}^{7} \alpha_j \left[\frac{r_{1j}^2 + 2c^2}{(r_{1j}^2 + c^2)^{\frac{3}{2}}} + a_1 \ \frac{x_1 - x_j}{\sqrt{r_{1j}^2 + c^2}} + b_1 \ \frac{y_1 - y_j}{\sqrt{r_{1j}^2 + c^2}} + e_1 \sqrt{r_{1j}^2 + c^2} \right] = d_1$$

$$(5-32)$$

第 2、第 3 与第 4 点都是域内点，所以也都要满足微分方程式：

$$(x, y) \rightarrow (x_2, y_2)$$

$$\sum_{j=1}^{7} \alpha_j \left[\frac{r_{2j}^2 + 2c^2}{(r_{2j}^2 + c^2)^{\frac{3}{2}}} + a_2 \ \frac{x_2 - x_j}{\sqrt{r_{2j}^2 + c^2}} + b_2 \ \frac{y_2 - y_j}{\sqrt{r_{2j}^2 + c^2}} + e_2 \sqrt{r_{2j}^2 + c^2} \right] = d_2$$

$$(5-33)$$

$$(x, y) \rightarrow (x_3, y_3)$$

$$\sum_{j=1}^{7} \alpha_j \left[\frac{r_{3j}^2 + 2c^2}{(r_{3j}^2 + c^2)^{\frac{3}{2}}} + a_3 \ \frac{x_3 - x_j}{\sqrt{r_{3j}^2 + c^2}} + b_3 \ \frac{y_3 - y_j}{\sqrt{r_{3j}^2 + c^2}} + e_3 \sqrt{r_{3j}^2 + c^2} \right] = d_3$$

$$(5-34)$$

$$(x, y) \rightarrow (x_4, y_4)$$

$$\sum_{j=1}^{7} \alpha_j \left[\frac{r_{4j}^2 + 2c^2}{(r_{4j}^2 + c^2)^{\frac{3}{2}}} + a_4 \ \frac{x_4 - x_j}{\sqrt{r_{4j}^2 + c^2}} + b_4 \ \frac{y_4 - y_j}{\sqrt{r_{4j}^2 + c^2}} + e_4 \sqrt{r_{4j}^2 + c^2} \right] = d_4$$

$$(5-35)$$

第 5、第 6 与第 7 点为边界点，所以要满足边界条件：

$$u(x, y) = f(x, y), (x, y) \in \partial\Omega \quad (5-36)$$

$$f(x,y) = \sum_{j=1}^{7} \alpha_j \sqrt{r_j^2 + c^2} \qquad (5-37)$$

将各个边界点代入式（5-36）：

$$(x,y) \to (x_5, y_5) \quad f(x_5, y_5) = \sum_{j=1}^{7} \alpha_j \sqrt{r_{5j}^2 + c^2} \qquad (5-38)$$

$$(x,y) \to (x_6, y_6) \quad f(x_6, y_6) = \sum_{j=1}^{7} \alpha_j \sqrt{r_{6j}^2 + c^2} \qquad (5-39)$$

$$(x,y) \to (x_7, y_7) \quad u(x_7, y_7) = \sum_{j=1}^{7} \alpha_j \sqrt{r_{7j}^2 + c^2} \qquad (5-40)$$

步骤三：第 1 到第 7 点各有一条线性代数方程式，将其整理后可得

$$\begin{Bmatrix} d_1 \\ d_2 \\ d_3 \\ d_4 \\ f_5 \\ f_6 \\ f_7 \end{Bmatrix}_{7 \times 1} = \begin{bmatrix} [A_1]_{4 \times 7} \\ [A_2]_{3 \times 7} \end{bmatrix} \begin{Bmatrix} \alpha_1 \\ \alpha_2 \\ \alpha_3 \\ \alpha_4 \\ \alpha_5 \\ \alpha_6 \\ \alpha_7 \end{Bmatrix}_{7 \times 1} \qquad (5-41)$$

其中：$[A_1] = \dfrac{r_{ij}^2 + 2c^2}{(r_{ij}^2 + c^2)^{\frac{3}{2}}} + a_i \dfrac{x_i - x_j}{\sqrt{r_{ij}^2 + c^2}} + b_i \dfrac{y_i - y_j}{\sqrt{r_{ij}^2 + c^2}} + e_i \sqrt{r_{ij}^2 + c^2}$

$$i = 1,2,3,4, \quad j = 1,2,3,\cdots,7$$

$$[A_2] = \sqrt{r_{ij}^2 + c^2}, i = 5,6,7, \quad j = 1,2,3,\cdots,7 \qquad (5-42)$$

$$\{\alpha\}_{7 \times 1} = \begin{bmatrix} [A_1]_{4 \times 7} \\ [A_2]_{3 \times 7} \end{bmatrix}^{-1} \begin{Bmatrix} \alpha_{4 \times 1} \\ f_{3 \times 1} \end{Bmatrix}_{7 \times 1} \qquad (5-43)$$

步骤四：将 α 求出来之后，再代回解的表达式 $u(x,y) = \sum\limits_{j=1}^{7} \alpha_j \sqrt{r_j^2 + c^2}$，就可以得到场内任何一个点的值。

例如要求出计算域中第 8 点的值，只要将第 8 点的坐标代入，再算完距离并累加就可以了。

$$(x,y) \to (x_7, y_7) \quad u(x_8, y_8) = \sum_{j=1}^{7} \alpha_j \sqrt{r_{8j}^2 + c^2} \qquad (5-44)$$

$$u(x_8, y_8) = \alpha_1 \sqrt{r_{81}^2 + c^2} + \alpha_2 \sqrt{r_{82}^2 + c^2} + \alpha_3 \sqrt{r_{83}^2 + c^2} + \alpha_4 \sqrt{r_{84}^2 + c^2}$$
$$+ \alpha_5 \sqrt{r_{85}^2 + c^2} + \alpha_6 \sqrt{r_{86}^2 + c^2} + \alpha_7 \sqrt{r_{87}^2 + c^2} \qquad (5-45)$$

5.3　有限差分法对时间离散

时间相关偏微分方程（Time-dependent PDE）：

$$\frac{\partial u}{\partial t} = f(u) \tag{5-46}$$

$$\frac{\partial u}{\partial t} = \nabla^2 u, \frac{\partial u}{\partial t} = k \ \nabla^2 u + a \ \frac{\partial u}{\partial x} + b \ \frac{\partial u}{\partial y} + eu + d \tag{5-47}$$

$$\frac{\partial u}{\partial t} = \frac{u^{n+1} - u^n}{\Delta t} = \theta f(u^{n+1}) + (1-\theta) f(u^n) \tag{5-48}$$

结合显式欧拉法（Euler Explicit method），令 $\theta = 0$ 可得：

$$\frac{u^{n+1} - u^n}{\Delta t} = f(u^n) \tag{5-49}$$

如果结合隐式欧拉法（Euler Implicit method）令 $\theta = 1$ 可得：

$$\frac{u^{n+1} - u^n}{\Delta t} = f(u^{n+1}) \tag{5-50}$$

还可以结合 Crank - Nicloson 法（梯形法则），令 $\theta = \frac{1}{2}$ 可得

$$\frac{u^{n+1} - u^n}{\Delta t} = \frac{1}{2} \left[f(u^{n+1}) + f(u^n) \right] \tag{5-51}$$

下面以扩散方程（Diffusion equation）为例 $\left(\theta = \frac{1}{2} \right)$。

已知控制方程为

$$\frac{\partial u}{\partial t} = k \ \nabla^2 u \tag{5-52}$$

将控制方程用 FDM 进行时间离散后可得

$$\frac{u^{n+1} - u^n}{\Delta t} = \frac{1}{2} (k \ \nabla^2 u^{n+1} + k \ \nabla^2 u^n) \tag{5-53}$$

将 $n+1$ 时间层放到等式左侧，其余时间项放至右侧：

$$\frac{k}{2} \nabla^2 u^{n+1} - \frac{1}{\Delta t} u^{n+1} = -\frac{k}{2} \nabla^2 u^n - \frac{1}{\Delta t} u^n \tag{5-54}$$

整理得

$$\left(\frac{k}{2} \nabla^2 - \frac{1}{\Delta t} \right) u^{n+1} = b(u^n) \tag{5-55}$$

由第 n 时刻的物理量 u^n 的分布可以计算出 $b(u^n)$，以及配合第 $n+1$ 时刻的 u^{n+1} 边界条件，就可以形成一个边界值问题（Boundary Value Problem，BVP），算出结果之后（u^{n+1}），就可以重复相同步骤继续往下计算（u^{n+2}）。

5.4 求解时间相关对流扩散方程

已知控制方程式（Time - dependent Convection - diffusion equation）：

$$\frac{\partial u}{\partial t} = k\ \nabla^2 u + a(x,y,t)\frac{\partial u}{\partial x} + b(x,y,t)\frac{\partial u}{\partial y} + e(x,y,t)u + d(x,y,t), (x,y) \in \Omega$$

$$(5-56)$$

假定边界条件（Dirichlet BC，一类边界条件）和初始条件（Initial condition）分别为

$$u(x,y,t) = f(x,y,t), (x,y) \in \partial\Omega \qquad (5-57)$$

$$u(x,y,t=0) = g(x,y), (x,y) \in \Omega \qquad (5-58)$$

$\theta = 1$ 时，

$$\frac{u^{n+1} - u^n}{\Delta t} = k\ \nabla^2 u^{n+1} + a(x,y,t^{n+1})\frac{\partial u^{n+1}}{\partial x} + b(x,y,t^{n+1})\frac{\partial u^{n+1}}{\partial y} +$$

$$e(x,y,t^{n+1})u^{n+1} + d(x,y,t^{n+1})$$

$$= \left[k\ \nabla^2 + a(x,y,t^{n+1})\frac{\partial}{\partial x} + b(x,y,t^{n+1})\frac{\partial}{\partial y} + e(x,y,t^{n+1}) - \frac{1}{\Delta t} \right] u^{n+1}$$

$$= \frac{-u^n}{\Delta t} - d(x,y,t^{n+1}) \qquad (5-59)$$

本节下面以稳态对流扩散方程为例（Steady Convection‑diffusion equation for u^{n+1}）。

步骤一：径向基函数法（RBFCM）。

$$u^{n+1}(x,y) = u^{n+1}(\vec{x}) = \sum_{j=1}^{N} \alpha_j \phi(r_j), r_j = |\ \vec{x} - \vec{x}_j\ | \qquad (5-60)$$

内部点满足控制方程式

$$\nabla^2 u^{n+1} + a\frac{\partial u^{n+1}}{\partial x} + b\frac{\partial u^{n+1}}{\partial y} + eu^{n+1} - \frac{1}{\Delta t}u^{n+1} = h \qquad (5-61)$$

将各阶偏微分项离散：

$$\nabla^2 u = \nabla^2 \sum_{j=1}^{N} \alpha_j \phi(r_j) = \sum_{j=1}^{N} \alpha_j \phi(r_j) = \sum_{j=1}^{N} \alpha_j\ \nabla^2 \sqrt{r_j^2 + c^2} = \sum_{j=1}^{N} \alpha_j\ \frac{r_{ij}^2 + 2c^2}{(r_{ij}^2 + c^2)^{\frac{3}{2}}}$$

$$(5-62)$$

$$\frac{\partial u}{\partial x} = \frac{\partial}{\partial x} \sum_{j=1}^{N} \alpha_j\ \sqrt{r_j^2 + c^2} = \sum_{j=1}^{N} \alpha_j\ \frac{\partial \sqrt{r_j^2 + c^2}}{\partial x} = \sum_{j=1}^{N} \alpha_j\ \frac{x - x_j}{\sqrt{r_j^2 + c^2}} \qquad (5-63)$$

$$\frac{\partial u}{\partial y} = \frac{\partial}{\partial y} \sum_{j=1}^{N} \alpha_j\ \sqrt{r_j^2 + c^2} = \sum_{j=1}^{N} \alpha_j\ \frac{\partial \sqrt{r_j^2 + c^2}}{\partial y} = \sum_{j=1}^{N} \alpha_j\ \frac{y - y_j}{\sqrt{r_j^2 + c^2}} \qquad (5-64)$$

代入式（5-61）可得

$$\sum_{j=1}^{N} \alpha_j \left[\frac{r_j^2 + 2c^2}{(r_j^2 + c^2)^{\frac{3}{2}}} + a\frac{x - x_j}{\sqrt{r_j^2 + c^2}} + b\frac{y - y_j}{\sqrt{r_j^2 + c}} + \left(e - \frac{1}{\Delta t} \right)\sqrt{r_j^2 + c^2} \right] = h$$

$$(5-65)$$

步骤二：第 1 点满足控制方程式。

$(x,y) \rightarrow (x_1,y_1)$

$$\sum_{j=1}^{N} \alpha_j \left[\frac{r_{1j}^2 + 2c^2}{(r_{1j}^2 + c^2)^{\frac{3}{2}}} + a_1 \frac{x_1 - x_j}{\sqrt{r_{1j}^2 + c^2}} + b_1 \frac{y_1 - y_j}{\sqrt{r_{1j}^2 + c}} + \left(e_1 - \frac{1}{\Delta t} \right) \sqrt{r_{1j}^2 + c^2} \right] = h_1$$

(5 - 66)

第 2、第 3 与第 4 点都是域内点，所以也都要满足微分方程式。

$(x,y) \rightarrow (x_2,y_2)$

$$\sum_{j=1}^{N} \alpha_j \left[\frac{r_{2j}^2 + 2c^2}{(r_{2j}^2 + c^2)^{\frac{3}{2}}} + a_2 \frac{x_2 - x_j}{\sqrt{r_{2j}^2 + c^2}} + b_2 \frac{y_2 - y_j}{\sqrt{r_{2j}^2 + c}} + \left(e_2 - \frac{1}{\Delta t} \right) \sqrt{r_{2j}^2 + c^2} \right] = h_2$$

(5 - 67)

$(x,y) \rightarrow (x_3,y_3)$

$$\sum_{j=1}^{N} \alpha_j \left[\frac{r_{3j}^2 + 2c^2}{(r_{3j}^2 + c^2)^{\frac{3}{2}}} + a_3 \frac{x_3 - x_j}{\sqrt{r_{3j}^2 + c^2}} + b_3 \frac{y_3 - y_j}{\sqrt{r_{3j}^2 + c}} + \left(e_3 - \frac{1}{\Delta t} \right) \sqrt{r_{3j}^2 + c^2} \right] = h_3$$

(5 - 68)

$(x,y) \rightarrow (x_4,y_4)$

$$\sum_{j=1}^{N} \alpha_j \left[\frac{r_{4j}^2 + 2c^2}{(r_{4j}^2 + c^2)^{\frac{3}{2}}} + a_4 \frac{x_4 - x_j}{\sqrt{r_{4j}^2 + c^2}} + b_4 \frac{y_4 - y_j}{\sqrt{r_{4j}^2 + c}} + \left(e_4 - \frac{1}{\Delta t} \right) \sqrt{r_{4j}^2 + c^2} \right] = h_4$$

(5 - 69)

步骤三：第 5、第 6 与第 7 点为边界点，需要满足边界条件。

$$u^{n+1}(x,y) = f(x,y) \quad (x,y) \in \partial\Omega \tag{5 - 70}$$

$$f(x,y) = \sum_{j=1}^{N} \alpha_j \sqrt{r_j^2 + c^2} \tag{5 - 71}$$

$$(x,y) \rightarrow (x_5,y_5) \quad f(x_5,y_5) = \sum_{j=1}^{N} \alpha_j \sqrt{r_{5j}^2 + c^2} \tag{5 - 72}$$

$$(x,y) \rightarrow (x_6,y_6) \quad f(x_6,y_6) = \sum_{j=1}^{N} \alpha_j \sqrt{r_{6j}^2 + c^2} \tag{5 - 73}$$

$$(x,y) \rightarrow (x_7,y_7) \quad f(x_7,y_7) = \sum_{j=1}^{N} \alpha_j \sqrt{r_{7j}^2 + c^2} \tag{5 - 74}$$

步骤四：第 1 到第 7 点各有一条线性代数方程式，将其整理后可得

$$\begin{Bmatrix} h_1 \\ h_2 \\ h_3 \\ h_4 \\ f_5 \\ f_6 \\ f_7 \end{Bmatrix}_{7 \times 1} = \begin{bmatrix} [A_1]_{4 \times 7} \\ [A_2]_{3 \times 7} \end{bmatrix} \begin{Bmatrix} \alpha_1 \\ \alpha_2 \\ \alpha_3 \\ \alpha_4 \\ \alpha_5 \\ \alpha_6 \\ \alpha_7 \end{Bmatrix}_{7 \times 1} \tag{5 - 75}$$

其中：

$$[A_1] = \frac{r_{ij}^2 + 2c^2}{(r_{ij}^2 + c^2)^{\frac{1}{2}}} + a_i \frac{x_i - x_j}{\sqrt{r_{ij}^2 + c^2}} + b_i \frac{y_i - y_j}{\sqrt{r_{ij}^2 + c^2}} + \left(e_i - \frac{1}{\Delta t}\right) \sqrt{r_{ij}^2 + c^2},$$

$$i = 1,2,3,4, j = 1,2,3,\cdots,7 \tag{5-76}$$

$$[A_2] = \sqrt{r_{ij}^2 + c^2}, i = 5,6,7, j = 1,2,3,\cdots,7 \tag{5-77}$$

$$\{\alpha\}_{7\times 1} = \begin{bmatrix} [A_1]_{4\times 7} \\ [A_2]_{3\times 7} \end{bmatrix}^{-1} \begin{Bmatrix} h_{4\times 1} \\ f_{3\times 1} \end{Bmatrix}_{7\times 1} \tag{5-78}$$

步骤五：将 α 求出来之后，再代回解的表达式 $u(x, y) = \sum\limits_{j=1}^{N} \alpha_j \sqrt{r_j^2 + c^2}$ ，就可以得到场内任何一个点的值。例如要求出计算域中第 8 点的值，只要将第 8 点的坐标代入，再计算距离并累加即可。

$$(x,y) \rightarrow (x_8,y_8) \quad u^{n+1}(x_8,y_8) = \sum\limits_{j=1}^{7} \alpha_j \sqrt{r_{8j}^2 + c^2} \tag{5-79}$$

$$u^{n+1}(x_8,y_8) = \alpha_1 \sqrt{r_{81}^2 + c^2} + \alpha_2 \sqrt{r_{82}^2 + c^2} + \alpha_3 \sqrt{r_{83}^2 + c^2} + \alpha_4 \sqrt{r_{84}^2 + c^2} +$$
$$\alpha_5 \sqrt{r_{85}^2 + c^2} + \alpha_6 \sqrt{r_{86}^2 + c^2} + \alpha_7 \sqrt{r_{87}^2 + c^2} \tag{5-80}$$

步骤六：将时间 $n+1$ 层的答案算出来之后，就可以继续使用同样方式往下一层计算 u^{n+2}。

读者可阅读参考文献 [1] 至文献 [8]，以对本章有更为深刻的理解。

5.5　参考习题

5-1　用 RBFCM 求解稳态对流-扩散方程：

控制方程：

$$\nabla^2 u(x,y) + a(x,y)\frac{\partial u(x,y)}{\partial x} + b(x,y)\frac{\partial u(x,y)}{\partial y} + e(x,y)u(x,y) = d(x,y),$$
$$(x,y) \in \Omega$$

边界条件（Dirichlet BC，一类边界条件）：

$$u(x,y) = f(x,y), (x,y) \in \partial\Omega$$

径向基函数：

$$u(x,y) = \sum\limits_{j=1}^{N} \alpha_j \sqrt{r_j^2 + c^2}, r_j = |\vec{x} - \vec{x}_j|$$

计算域：$0 \leqslant x, y \leqslant 1$

参数表达式：$a(x,y) = y, b(x,y) = x, e(x,y) = \cos(x+y)$

请将解析解代入控制方程式就可以得到 $d(x, y)$。

解析解：$u(x,y) = y\cos(\pi x)$

$$f(x,y) = y\cos(\pi x)$$

请测试

（a）总点数（边界点加上内部点）；（b）形状参数；（c）对于数值结果准确性的影响。

参 考 文 献

［1］ KANSA E J. Multiquadrics—A scattered data approximation scheme with applications to computational fluid‐dynamics—I surface approximations and partial derivative estimates ［J］. Computers & Mathematics with Applications，1990，19（8‐9）：127‐145.

［2］ WONG S M，HON Y C，GOLBERG M A. Compactly supported radial basis functions for shallow water equations ［J］. Applied Mathematics and Computations，2002，127：79‐101.

［3］ WONG S M，HON Y C，LI T S. A meshless multilayer model for a coastal system by radial basis functions ［J］. Computers & Mathematics with Applications，2002，43（3—5）：585‐605.

［4］ LI J，CHEN Y，PEPPER D. Radial basis function method for 1‐D and 2‐D groundwater contaminant transport modeling ［J］. Computational Mechanics，2003，32（1‐2）：10‐15.

［5］ FERREIRA A J M，FASSHAUER G E. Computation of natural frequencies of shear deformable beams and plates by an RBF‐pseudospectral method ［J］. Computer Methods in Applied Mechanics & Engineering，2006，196（1‐3）：134‐146.

［6］ ZHOU X，HON Y C，CHEUNG K F. A grid‐free, nonlinear shallow‐water model with moving boundary ［J］. Engineering Analysis with Boundary Elements，2004，28（8）：967‐973.

［7］ DIVO E，KASSAB A J. A meshless method for conjugate heat transfer problems ［J］. Engineering Analysis with Boundary Elements，2005，29（2）：136‐149.

［8］ DIVO E，KASSAB A. Iterative domain decomposition meshless method modeling of incompressible viscous flows and conjugate heat transfer ［J］. Engineering Analysis with Boundary Elements，2006，30（6）：465‐478.

第6章 Trefftz 方 法

本章所介绍的 Trefftz 方法在 1926 年由 Trefftz[1]首次提出，也是一种著名的解决齐次偏微分方程边界值问题的有效无网格方法。在 Trefftz 方法中，解是由一系列的控制方程齐次解 T 完备基函数（T - complete function）来逼近的。Trefftz 方法的数学理论已经被 Herrera 等研究完善，在现有的研究中，Trefftz 方法可以用来求解齐次微分方程的边界值问题，如二维位势及弹性问题以及三维泊松方程等，该方法被越来越多的国内外专家学者成功地运用于工程实际案例的求解之中。

6.1 求解拉普拉斯方程

已知控制方程式（Laplace equation）为

$$\nabla^2 u(x,y) = 0, (x,y) \in \Omega \tag{6-1}$$

假定边界条件（Dirichlet BC，first kind BC）为

$$u(x,y) = f(x,y) \quad (x,y) \in \partial\Omega \tag{6-2}$$

因在柱坐标系下求解，故先将控制方程式（6-1）转化成柱坐标的形式：

$$\frac{\partial^2 u}{\partial r^2} + \frac{1}{r}\frac{\partial u}{\partial r} + \frac{1}{r^2}\frac{\partial^2 u}{\partial \theta^2} = 0 \tag{6-3}$$

Trefftz 方法中，数值解表示为满足控制方程的 T - 完备基函数（T - complete function）的线性组合，后者是由一组线性无关函数组成。所以需引入二维 Laplace 方程的 T - 完备基函数系为[1-2]

$$\{1, r^j\cos j\theta, r^j\sin j\theta\} \quad j = 1,2,3,\cdots$$

Trefftz 法中解的表达式：

$$u(x,y) = u(r,\theta) = a_0 + \sum_{j=1}^{m}\left[a_j r^j\cos j\theta + b_j r^j\sin j\theta\right] \tag{6-4}$$

因为 T - 完备基函数满足控制方程式，所以只需要再满足边界条件后，就可以得到整个题目的解。假设该例子的计算域如图 6-1 所示。

步骤一： 在边界上取 $n = 7$ 个点，此时取 $m = 3$ 可以得到方阵（$n = 2m + 1$）。

步骤二： 根据第 1 点的坐标 (x_1, y_1)，换算成 (r_1, θ_1)。由第 1 点的边界条件可得

$$f(x_1, y_1) = u(r_1, \theta_1) = a_0 + \sum_{j=1}^{3}\left[a_j r_1^j\cos j\theta_1 + b_j r_1^j\sin j\theta_1\right] \tag{6-5}$$

由此可得

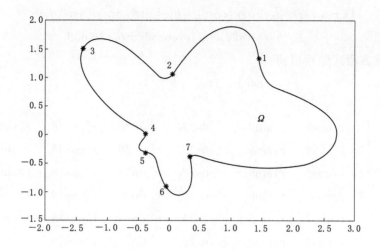

图 6-1 计算域布点图

$$f(x_1,y_1)=a_0+a_1r_1^1\cos\theta_1+b_1r_1^1\sin\theta_1+a_2r_1^2\cos2\theta_1+b_2r_1^2\sin2\theta_1+$$
$$a_3r_1^3\cos3\theta_1+b_3r_1^3\sin3\theta_1$$

可得到一条线性代数方程式，其未知数为 a_0，a_1，b_1，a_2，b_2，a_3，b_3。

同理，由第 2 点 $(x_2,y_2)\rightarrow(r_2,\theta_2)$ 的边界条件可得

$$f(x_2,y_2)=u(r_2,\theta_2)=a_0+\sum_{j=1}^{3}\left[a_jr_2^j\cos j\theta_2+b_jr_2^j\sin j\theta_2\right] \qquad (6-6)$$

由此可得，

$$f(x_2,y_2)=a_0+a_1r_2^1\cos\theta_2+b_1r_2^1\sin\theta_2+$$
$$a_2r_2^2\cos2\theta_2+b_2r_2^2\sin2\theta_2+a_3r_2^3\cos3\theta_2+b_3r_2^3\sin3\theta_2$$

也可得到一条线性代数方程式，其未知数为 a_0，a_1，b_1，a_2，b_2，a_3，b_3。

同理，由第 3 点 $(x_3,y_3)\rightarrow(r_3,\theta_3)$ 的边界条件可得

$$f(x_3,y_3)=a_0+a_1r_3^1\cos\theta_3+b_1r_3^1\sin\theta_3+a_2r_3^2\cos2\theta_3+$$
$$b_2r_3^2\sin2\theta_3+a_3r_3^3\cos3\theta_3+b_3r_3^3\sin3\theta_3 \qquad (6-7)$$

第 4 点

$$f(x_4,y_4)=a_0+a_1r_4^1\cos\theta_4+b_1r_4^1\sin\theta_4+a_2r_4^2\cos2\theta_4+$$
$$b_2r_4^2\sin2\theta_4+a_3r_4^3\cos3\theta_4+b_3r_4^3\sin3\theta_4 \qquad (6-8)$$

第 5 点

$$f(x_5,y_5)=a_0+a_1r_5^1\cos\theta_5+b_1r_5^1\sin\theta_5+a_2r_5^2\cos2\theta_5+$$
$$b_2r_5^2\sin2\theta_5+a_3r_5^3\cos3\theta_5+b_3r_5^3\sin3\theta_5 \qquad (6-9)$$

第 6 点

$$f(x_6,y_6)=a_0+a_1r_6^1\cos\theta_6+b_1r_6^1\sin\theta_6+a_2r_6^2\cos2\theta_6+$$
$$b_2r_6^2\sin2\theta_6+a_3r_6^3\cos3\theta_6+b_3r_6^3\sin3\theta_6 \qquad (6-10)$$

第 7 点

$$f(x_7, y_7) = a_0 + a_1 r_7^1 \cos\theta_7 + b_1 r_7^1 \sin\theta_7 + a_2 r_7^2 \cos2\theta_7 +$$
$$b_2 r_7^2 \sin2\theta_7 + a_3 r_7^3 \cos3\theta_7 + b_3 r_7^3 \sin3\theta_7 \tag{6-11}$$

将此 7 条方程式整理可得：

$$[A]_{7\times7}\{\alpha\}_{7\times1} = \{f\}_{7\times1} \tag{6-12}$$

其中，

$$[A] = \begin{bmatrix} 1 & r_1\cos\theta_1 & r_1\sin\theta_1 & r_1^2\cos2\theta_1 & r_1^2\sin2\theta_1 & r_1^3\cos3\theta_1 & r_1^3\sin3\theta_1 \\ 1 & r_2\cos\theta_2 & r_2\sin\theta_2 & r_2^2\cos2\theta_2 & r_2^2\sin2\theta_2 & r_2^3\cos3\theta_2 & r_2^3\sin3\theta_2 \\ 1 & r_3\cos\theta_3 & r_3\sin\theta_3 & r_3^2\cos2\theta_3 & r_3^2\sin2\theta_3 & r_3^3\cos3\theta_3 & r_3^3\sin3\theta_3 \\ 1 & r_4\cos\theta_4 & r_4\sin\theta_4 & r_4^2\cos2\theta_4 & r_4^2\sin2\theta_4 & r_4^3\cos3\theta_4 & r_4^3\sin3\theta_4 \\ 1 & r_5\cos\theta_5 & r_5\sin\theta_5 & r_5^2\cos2\theta_5 & r_5^2\sin2\theta_5 & r_5^3\cos3\theta_5 & r_5^3\sin3\theta_5 \\ 1 & r_6\cos\theta_6 & r_6\sin\theta_6 & r_6^2\cos2\theta_6 & r_6^2\sin2\theta_6 & r_6^3\cos3\theta_6 & r_6^3\sin3\theta_6 \\ 1 & r_7\cos\theta_7 & r_7\sin\theta_7 & r_7^2\cos2\theta_7 & r_7^2\sin2\theta_7 & r_7^3\cos3\theta_7 & r_7^3\sin3\theta_7 \end{bmatrix}$$

$$\{\alpha\}_{7\times1} = \begin{Bmatrix} a_0 \\ a_1 \\ b_1 \\ a_2 \\ b_2 \\ a_3 \\ b_3 \end{Bmatrix}_{7\times1} \quad \{f\}_{7\times1} = \begin{Bmatrix} f_1 \\ f_2 \\ f_3 \\ f_4 \\ f_5 \\ f_6 \\ f_7 \end{Bmatrix}_{7\times1}$$

步骤三：将式（6-11）左除矩阵 A 可得系数矩阵：$\{\alpha\}_{7\times1} = [A]_{7\times7}^{-1}\{f\}_{7\times1}$

步骤四：求出系数之后，再将其代回式（6-4）中，即

$$u(x,y) = u(r,\theta) = a_0 + \sum_{j=1}^{3}\left[a_j r^j \cos j\theta + b_j r^j \sin j\theta\right]$$

如果要求出任何一个内部点的数值，只要将内点的坐标代入累加即可。假设要求出第 8 点的值，只要将第 8 点坐标换算，例如：

$$(x_8, y_8) \rightarrow (r_8, \theta_8) \tag{6-13}$$
$$u(x_8, y_8) = u(r_8, \theta_8) = a_0 + \sum_{j=1}^{3}\left[a_j r_8^j \cos j\theta_8 + b_j r_8^j \sin j\theta_8\right]$$

由此可得，

$$u(x_8, y_8) = a_0 + a_1 r_8^1 \cos\theta_8 + b_1 r_8^1 \sin\theta_8 + a_2 r_8^2 \cos2\theta_8 + b_2 r_8^2 \sin2\theta_8 +$$
$$a_3 r_8^3 \cos3\theta_8 + b_3 r_8^3 \sin3\theta_8 \tag{6-14}$$

理论上，解的表述式中项取越多会越准确，但是 Trefftz 方法的矩阵会越病态（ill-conditioned）。下面介绍一种名为修正配置 Trefftz 法（Modified collocation Trefftz method，MCTM）[3]，借由引入特征长度（characteristic length，R_0），可以有效地改善矩阵的病态问题。解的表达式如下：

$$u(x,y) = u(r,\theta) = a_0 + \sum_{j=1}^{m} a_j \left(\frac{r}{R_0}\right)^j \cos j\theta + b_j \left(\frac{r}{R_0}\right)^j \sin j\theta \qquad (6-15)$$

其中双连通计算域如图 6-2 所示。

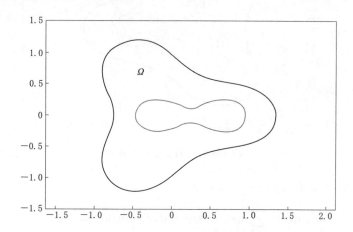

图 6-2　双连通计算域示意图

可拆解成两个问题线性累加：问题 1 外部域和问题 2 内部域。

问题 1（图 6-3）：

$$u_1(x,y) = c_0 \ln r + \sum_{j=1}^{m} c_j r^{-j} \cos j\theta + d_j r^{-j} \sin j\theta \qquad (6-16)$$

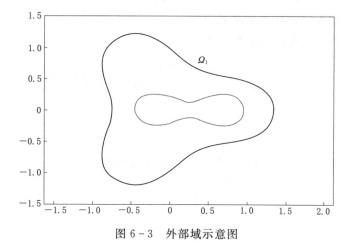

图 6-3　外部域示意图

问题 2（图 6-4）：

$$u_2(x,y) = a_0 + \sum_{j=1}^{m} a_j r^j \cos j\theta + b_j r^j \sin j\theta \qquad (6-17)$$

所以原始问题的解需要表示为

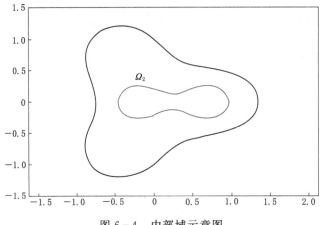

图 6 - 4　内部域示意图

$$u(x,y) = u_1(x,y) + u_2(x,y)$$

$$= c_0 \ln r + \sum_{j=1}^{m} c_j r^{-j} \cos j\theta + d_j r^{-j} \sin j\theta + a_0 +$$

$$\sum_{j=1}^{m} a_j r^j \cos j\theta + b_j r^j \sin j\theta \qquad (6-18)$$

未知数有 $(a_0 \quad a_j \quad b_j \quad c_0 \quad c_j \quad d_j)$ 共 $4m+2$ 个，因此边界点要取 $n=4m+2$ 个。

6.2　T-完备基函数

本节介绍 T-完备基函数（T - complete function）的推导，以二维拉普拉斯方程为例，使用变量分离法，具体步骤如下。

已知柱坐标系下拉普拉斯方程式为

$$\nabla^2 u = \frac{\partial^2 u}{\partial x^2} + \frac{\partial^2 u}{\partial y^2} = \frac{1}{r} \frac{\partial}{\partial r} \left(r \frac{\partial u}{\partial r} \right) + \frac{1}{r^2} \frac{\partial^2 u}{\partial \theta^2} = 0 \qquad (6-19)$$

边界条件为

$$u(r, \theta = 0) = u(r, \theta = 2\pi) \qquad (6-20)$$

$$\frac{\partial u(r, \theta = 0)}{\partial \theta} = \frac{\partial u(r, \theta = 2\pi)}{\partial \theta} \qquad (6-21)$$

u 在有限时，$r=0$

$$u(r, \theta) = R(r)\Phi(\theta) \qquad (6-22)$$

$$\frac{1}{r} \frac{\partial}{\partial r} \left(r \frac{\partial u}{\partial r} \right) + \frac{1}{r^2} \frac{\partial^2 u}{\partial \theta^2}$$

$$= \frac{1}{r} \frac{\partial}{\partial r} \left\{ r \frac{\partial [R(r)\Phi(\theta)]}{\partial r} \right\} + \frac{1}{r^2} \frac{\partial^2 [R(r)\Phi(\theta)]}{\partial \theta^2} = 0 \qquad (6-23)$$

$$\frac{\Phi}{r}\left(\frac{\mathrm{d}R}{\mathrm{d}r}+r\,\frac{\mathrm{d}^2 R}{\mathrm{d}r^2}\right)+\frac{1}{r^2}R\,\frac{\mathrm{d}^2 \Phi}{\mathrm{d}\theta^2}=0 \tag{6-24}$$

$$r\Phi\left(\frac{\mathrm{d}R}{\mathrm{d}r}+r\,\frac{\mathrm{d}^2 R}{\mathrm{d}r^2}\right)+R\,\frac{\mathrm{d}^2 \Phi}{\mathrm{d}\theta^2}=0 \tag{6-25}$$

$$\frac{1}{R}\left(r\,\frac{\mathrm{d}R}{\mathrm{d}r}+r^2\,\frac{\mathrm{d}^2 R}{\mathrm{d}r^2}\right)+\frac{1}{\Phi}\,\frac{\mathrm{d}^2 \Phi}{\mathrm{d}\theta^2}=0 \tag{6-26}$$

令

$$\frac{1}{\Phi}\,\frac{\mathrm{d}^2 \Phi}{\mathrm{d}\theta^2}=-n^2 \tag{6-27}$$

$$\frac{\mathrm{d}^2 \Phi}{\mathrm{d}\theta^2}+n^2 \Phi=0 \tag{6-28}$$

$$\Phi(\theta)=e^{\lambda\theta} \tag{6-29}$$

$$\lambda^2=-n^2 \tag{6-30}$$

$$\lambda=\pm in \tag{6-31}$$

$$\Phi_n(\theta)=A_n\cos n\theta+B_n\sin n\theta \tag{6-32}$$

已知欧拉-柯西方程为

$$\frac{1}{R}\left(r\,\frac{\mathrm{d}R}{\mathrm{d}r}+r^2\,\frac{\mathrm{d}^2 R}{\mathrm{d}r^2}\right)=n^2 \tag{6-33}$$

$$r^2\,\frac{\mathrm{d}^2 R}{\mathrm{d}r^2}+r\,\frac{\mathrm{d}R}{\mathrm{d}r}-n^2 R=0 \tag{6-34}$$

其中,

$$R(r)=r^m \tag{6-35}$$

$$m(m-1)+m-n^2=0 \tag{6-36}$$

$$m^2=n^2 \tag{6-37}$$

$$m=\pm n \tag{6-38}$$

$$R_n(r)=c_1 r^n+c_2 r^{-n} \tag{6-39}$$

综上可得:

$$u(r,\theta)=\sum_{j=0}^{m}R_j(r)\Phi_j(\theta)=a_0+\sum_{j=1}^{m}\left[a_j r^j\cos j\theta+b_j r^j\sin j\theta\right] \tag{6-40}$$

6.3 求解亥姆霍兹方程

已知控制方程式（Helmholtz equation）为

$$\nabla^2 u(x,y)+k^2 u(x,y)=0,(x,y)\in\Omega \tag{6-41}$$

边界条件（Dirichlet BC, first kind BC）为

$$u(x,y)=f(x,y),(x,y)\in\partial\Omega \tag{6-42}$$

其中，二维亥姆霍兹方程的 T 完备基函数系：

$$\{J_0(kr),J_j(kr)\cos j\theta,J_j(kr)\sin j\theta\} \quad j=1,2,3,\cdots$$

同理，再 Trefftz 法中解的表达式为

$$u(x,y)=u(r,\theta)$$

$$=a_0J_0(kr)+\sum_{j=1}^{m}a_jJ_j(kr)\cos j\theta+b_jJ_j(kr)\sin j\theta \tag{6-43}$$

因为 T-完备基函数满足控制方程式，所以只需要再满足边界条件后，就可以得到整个题目的解。计算域示意图与图 6-1 相同。

步骤一：在边界上取 $n=7$ 个点，此时取 $m=3$ 可以得到方阵（$n=2m+1$）。

步骤二：根据第 1 点的坐标（x_1，y_1），换算成（r_1，θ_1）。由第一点的边界条件可得

$$f(x_1,y_1)=a_0J_0(kr_1)+\sum_{j=1}^{3}\left[a_jJ_j(kr_1)\cos j\theta_1+b_jJ_j(kr_1)\sin j\theta_1\right] \tag{6-44}$$

可得到一条线性代数方程式，其未知数为 a_0，a_1，b_1，a_2，b_2，a_3，b_3。

同理，由第 2 点 $(x_2,y_2)\rightarrow(r_2,\theta_2)$ 的边界条件可得

$$f(x_2,y_2)=a_0J_0(kr_2)+\sum_{j=1}^{3}\left[a_jJ_j(kr_2)\cos j\theta_2+b_jJ_j(kr_2)\sin j\theta_2\right] \tag{6-45}$$

第 3 点

$$f(x_3,y_3)=a_0J_0(kr_3)+\sum_{j=1}^{3}\left[a_jJ_j(kr_3)\cos j\theta_3+b_jJ_j(kr_3)\sin j\theta_3\right] \tag{6-46}$$

第 4 点

$$f(x_4,y_4)=a_0J_0(kr_4)+\sum_{j=1}^{3}\left[a_jJ_j(kr_4)\cos j\theta_4+b_jJ_j(kr_4)\sin j\theta_4\right] \tag{6-47}$$

第 5 点

$$f(x_5,y_5)=a_0J_0(kr_5)+\sum_{j=1}^{3}\left[a_jJ_j(kr_5)\cos j\theta_5+b_jJ_j(kr_5)\sin j\theta_5\right] \tag{6-48}$$

第 6 点

$$f(x_6,y_6)=a_0J_0(kr_6)+\sum_{j=1}^{3}\left[a_jJ_j(kr_6)\cos j\theta_6+b_jJ_j(kr_6)\sin j\theta_6\right] \tag{6-49}$$

第 7 点

$$f(x_7,y_7)=a_0J_0(kr_7)+\sum_{j=1}^{3}\left[a_jJ_j(kr_7)\cos j\theta_7+b_jJ_j(kr_7)\sin j\theta_7\right] \tag{6-50}$$

将此 7 条方程式整理可得

$$[A]_{7\times7}\{\alpha\}_{7\times1}=\{f\}_{7\times1} \tag{6-51}$$

其中，

$$\{\alpha\}_{7\times1}=\begin{Bmatrix} a_0 \\ a_1 \\ b_1 \\ a_2 \\ b_2 \\ a_3 \\ b_3 \end{Bmatrix}_{7\times1} \qquad \{f\}_{7\times1}=\begin{Bmatrix} f_1 \\ f_2 \\ f_3 \\ f_4 \\ f_5 \\ f_6 \\ f_7 \end{Bmatrix}$$

步骤三：将上式左除矩阵 A 可得系数矩阵：$\{\alpha\}_{7\times1}=[A]_{7\times7}^{-1}\{f\}_{7\times1}$

步骤四：求出系数矩阵之后，再将其代回解的表达式中：

$$u(x,y)=u(r,\theta)=a_0J_0(kr)+\sum_{j=1}^{3}a_jJ_j(kr)\cos j\theta+b_jJ_j(kr)\sin j\theta$$

如果要求出任何一个内点的答案，只要将内点的坐标代入累加即可。

假设要求出第 8 点的值，只要将第 8 点坐标换算，$(x_8,y_8)\rightarrow(r_8,\theta_8)$，即

$$u(x_8,y_8)=u(r_8,\theta_8)$$

$$=a_0J_0(kr_8)+\sum_{j=1}^{3}[a_jJ_j(kr_8)\cos j\theta_8+b_jJ_j(kr_8)\sin j\theta_8] \qquad (6-52)$$

双连通区域：

示意图如图 6-2、图 6-3、图 6-4 所示。

问题 1（外部点）：

$$u_1(x,y)=c_0Y_0(kr)+\sum_{j=1}^{m}[c_jY_j(kr)\cos j\theta+d_jY_j(kr)\sin j\theta] \qquad (6-53)$$

问题 2（内部点）：

$$u_2(x,y)=a_0J_0(kr)+\sum_{j=1}^{m}[a_jJ_j(kr)\cos j\theta+b_jJ_j(kr)\sin j\theta] \qquad (6-54)$$

所以原始问题的解表示为

$$u(x,y)=u_1(x,y)+u_2(x,y)$$

$$=c_0Y_0(kr)+\sum_{j=1}^{m}[c_jY_j(kr)\cos j\theta+d_jY_j(kr)\sin j\theta]+$$

$$a_0J_0(kr)+\sum_{j=1}^{m}[a_jJ_j(kr)\cos j\theta+b_jJ_j(kr)\sin j\theta] \qquad (6-55)$$

同理，未知数有 $(a_0 \quad a_j \quad b_j \quad c_0 \quad c_j \quad d_j)$ 共 $4m+2$ 个，因此边界点要取 $n=4m+2$ 个。

6.4 求解双调和方程

已知控制方程式（bi-Harmonic equation）为

$$\nabla^2\nabla^2 u(x,y)=0, (x,y)\in\Omega \qquad (6-56)$$

假定边界条件为

$$u(x,y)=f(x,y), (x,y)\in\partial\Omega \qquad (6-57)$$

$$\frac{\partial u}{\partial n}=g(x,y), (x,y)\in\partial\Omega \qquad (6-58)$$

其中，二维双调和方程的 T-完备基函数系为

$$\{1, r^j\cos j\theta, r^j\sin j\theta, r^2, r^{j+2}\cos j\theta, r^{j+2}\sin j\theta\} \qquad j=1,2,3,\cdots$$

与之前的类似，在 Trefftz 法中解的表达式为

$$
\begin{aligned}
u(x,\ y)&=u(r,\ \theta)\\
&=a_0+c_0 r^2+\sum_{j=1}^{m}a_j r^j\cos j\theta+b_j r^j\sin j\theta+\\
&\quad \sum_{j=1}^{m}c_j r^{j+2}\cos j\theta+d_j r^{j+2}\sin j\theta
\end{aligned} \qquad (6-59)
$$

未知数有 $4m+2$ 个，因为每一个边界点可以提供两条方程式，所以边界点要取 $n(2n=4m+2)$ 个。余下的求解过程与之前相同，可参考上文，这里就不再赘述了。读者对本章内容还可详细参考文献 [4] 和文献 [5]。

6.5　参考习题

6-1. 求解二维拉普拉斯问题：

控制方程：

$$\nabla^2 u(x,y)=0, (x,y)\in\Omega$$

边界条件：

$$u(x,y)=x+y+e^y\cos x, (x,y)\in\partial\Omega$$

计算域：

$$\Omega\in\{(x,y)\mid x=\rho\cos\theta, y=\rho\sin\theta, 0\leqslant\theta\leqslant 2\pi\}$$
$$\rho=e^{\sin\theta}\sin^2 2\theta+e^{\cos\theta}\cos^2 2\theta$$

解析解：$u(x,y)=x+y+e^y\cos(x)$

请讨论边界点数与误差的关系，并讨论特征长度与误差的关系。

参　考　文　献

[1] TREFFTZ E. Ein Gegenstuck zum ritzschen Verfahren [J]. Proc. int. cong. appl. mech. zurich, 1926：131.

[2] KITA E, KAMIYA N. Trefftz method: an overview [J]. Advances in Engineering Software, 1995, 24 (1-3): 3-12.

[3] ZIELINSKI A P. On trial function applied in the generalized Trefftz method [J]. Advances in Engi-

neering Software, 1995, 24: 147 - 155.

[4] LIU C S. A highly accurate collocation Trefftz method for solving the Laplace equation in the doubly connected domains [J]. Numerical Methods for Partial Differential Equations, 2008, 24 (1): 179 - 192.

[5] KITA E, KATSURAGAWA J, KAMIYA N. Application of Trefftz - type boundary element method to simulation of two - dimensional sloshing phenomenon [J]. Engineering Analysis with Boundary Elements, 2004, 28 (6): 677 - 683.

第7章　无网格模拟方程法

无网格模拟方程法是一种求解椭圆型偏微分方程的无网格新方法。该方法基于 Katsikadelis 的模拟方程原理[1]，因此得名无网格模拟方程法（Meshless Analog Equation Method，MAEM）。该方法将原方程转化为一个在虚拟源下具有相同阶数的简单可解代换方程，虚拟的源由多重二次径向基函数（MQ‑RBFs）表示。模拟方程的积分得到新的径向基函数（RBFs），可用来寻求近似解。然后将近似解插入原偏微分方程（PDE）和边界条件（BCs）中，并在无网格节点处进行配置，得到一个线性方程组，该方程组允许对径向基函数（RBFs）级数的展开系数进行评估。与其他径向基函数（RBFs）配置方法相比，该方法具有精度高、得到的线性方程组的系数矩阵总是可逆的优点。通过将产生偏微分方程的泛函最小化，得到了形状参数、多二次曲面中心和模拟方程积分常数的最优值，从而达到了精度。

7.1　求解稳态对流-扩散方程

已知控制方程：

$$k\,\nabla^2 u + a(\vec{x})\frac{\partial u}{\partial x} + b(\vec{x})\frac{\partial u}{\partial y} + c(\vec{x})u = d(\vec{x}),(x,y)\in\Omega \tag{7-1}$$

假定边界条件：

$$u(\vec{x}) = f(\vec{x}),(x,y)\in\Gamma \tag{7-2}$$

计算域示意图如图 7-1 所示。

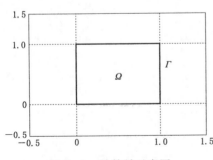

图 7-1　计算域示意图

将最高微分次项放左边，其余项放右边：

$$k\,\nabla^2 u + a(\vec{x})\frac{\partial u}{\partial x} + b(\vec{x})\frac{\partial u}{\partial y} + c(\vec{x})u = d(\vec{x}) \tag{7-3}$$

$$\nabla^2 u = \frac{1}{k}\left[-a(\vec{x})\frac{\partial u}{\partial x} - b(\vec{x})\frac{\partial u}{\partial y} - c(\vec{x})u + d(\vec{x})\right] \tag{7-4}$$

已知广义泊松方程（generalized Poisson equation）为

$$\nabla^2 u = F\left(x,y,u,\frac{\partial u}{\partial x},\frac{\partial u}{\partial y}\right) \tag{7-5}$$

因此根据 MPS‑MFS 的思路，泊松方程（Poisson equation）的解可以表示为[1-3]：

$$u = u_p + u_h = \sum_{i=1}^{m} \alpha_j \Phi(r_j) + \sum_{j=1}^{n} \beta_j G(\rho_j) \qquad (7-6)$$

$$r_j = |\vec{x} - \vec{x}_j| \qquad (7-7)$$

$$\rho_j = |\vec{x} - \vec{s}_j| \qquad (7-8)$$

这样的表达式需满足以下两个条件后，为此问题的答案。

（1）内部点满足控制方程式。

（2）边界点满足边界条件。

步骤一： 如图 7-2 所示，在计算域内选取 m 个内点（$m=4$）、n 个边界点（$n=8$）同时还需再布置 n 个源点（Source point）。

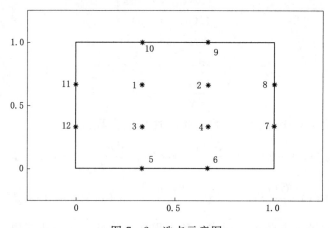

图 7-2　选点示意图

先考虑内部点

将 $u = \sum_{j=1}^{4} \alpha_j \Phi(r_j) + \sum_{j=1}^{8} \beta_j G(\rho_j)$ 代入式（7-4）、式（7-5）和式（7-6）可得

$$L\left[\sum_{j=1}^{m} \alpha_j \Phi(r_j) + \sum_{j=1}^{n} \beta_j G(\rho_j)\right] = d(\vec{x}) \qquad (7-9)$$

$$\sum_{j=1}^{4} \alpha_j L\Phi(r_j) + \sum_{j=1}^{8} \beta_j LG(\rho_j) = d(\vec{x}) \qquad (7-10)$$

其中

$$L\Phi(r_j) = k\,\nabla^2\Phi + a(\vec{x})\frac{\partial \Phi}{\partial x} + b(\vec{x})\frac{\partial \Phi}{\partial y} + c(\vec{x})\Phi$$

$$= k\phi + a(\vec{x})\frac{\partial \Phi}{\partial x} + b(\vec{x})\frac{\partial \Phi}{\partial y} + c(\vec{x})\Phi \qquad (7-11)$$

$$LG(\rho_j) = k\,\nabla^2 G + a(\vec{x})\frac{\partial G}{\partial x} + b(\vec{x})\frac{\partial G}{\partial y} + c(\vec{x})G$$

$$= a(\vec{x})\frac{\partial G}{\partial x} + b(\vec{x})\frac{\partial G}{\partial y} + c(\vec{x})G \qquad (7-12)$$

将式（7-11）和式（7-12）代入式（7-10）可得

$$\sum_{j=1}^{4} \alpha_j \left[k\phi + a\frac{\partial \Phi}{\partial x} + b\frac{\partial \Phi}{\partial y} + c\Phi \right] + \sum_{j=1}^{8} \beta_j \left[a\frac{\partial G}{\partial x} + b\frac{\partial G}{\partial y} + cG \right] = d(\vec{x}) \qquad (7-13)$$

其中

$$\phi(r_j) = \sqrt{r_j^2 + c^2} \qquad (7-14)$$

$$\Phi(r) = \frac{1}{9}(4c^2 + r^2)\sqrt{r^2 + c^2} - \frac{c^3}{3}\ln(c + \sqrt{r^2 + c^2}) \qquad (7-15)$$

$$\frac{\partial \Phi}{\partial x} = \frac{(x - x_j)(c\sqrt{r^2 + c^2} + 2c^2 + r^2)}{3(c + \sqrt{r^2 + c^2})} \qquad (7-16)$$

$$\frac{\partial \Phi}{\partial y} = \frac{(y - y_j)(c\sqrt{r^2 + c^2} + 2c^2 + r^2)}{3(c + \sqrt{r^2 + c^2})} \qquad (7-17)$$

$$G(\rho) = \ln(\rho) \qquad (7-18)$$

$$\frac{\partial G}{\partial x} = \frac{x - s_x}{\rho^2} \qquad (7-19)$$

$$\frac{\partial G}{\partial y} = \frac{y - s_y}{\rho^2} \qquad (7-20)$$

步骤二： 将第 1 点坐标代入可得一条线性代数方程式。

$$\sum_{j=1}^{4} \alpha_j \left[k\phi(r_{1j}) + a(\vec{x}_1)\frac{\partial \Phi(r_{1j})}{\partial x} + b(\vec{x}_1)\frac{\partial \Phi(r_{1j})}{\partial y} + c(\vec{x}_1)\Phi(r_{1j}) \right] +$$

$$\sum_{j=1}^{8} \beta_j \left[a(\vec{x}_1)\frac{\partial G(\rho_{1j})}{\partial x} + b(\vec{x}_1)\frac{\partial G(\rho_{1j})}{\partial y} + c(\vec{x}_1)G(\rho_{1j}) \right] = d(\vec{x}_1) \qquad (7-21)$$

同理，第 2 到第 4 点各可以形成一条方程式，将此 4 条方程式整理后可得

$$\begin{bmatrix} A_{11} & A_{12} \end{bmatrix}_{4\times 12} \begin{Bmatrix} \alpha \\ \beta \end{Bmatrix}_{12\times 1} = \begin{Bmatrix} d_1 \\ d_2 \\ d_3 \\ d_4 \end{Bmatrix}_{4\times 1} \qquad (7-22)$$

其中

$$[A_{11}]_{4\times 4} = k\phi + a\frac{\partial \Phi}{\partial x} + b\frac{\partial \Phi}{\partial y} + c\Phi$$

$$[A_{12}]_{4\times 8} = a\frac{\partial G}{\partial x} + b\frac{\partial G}{\partial y} + cG$$

步骤三： 第 5 点到第 12 点为边界点，因此要满足边界条件。

$$u(\vec{x}) = f(\vec{x}), (x,y) \in \Gamma \qquad (7-23)$$

$$u(\vec{x}) = \sum_{j=1}^{4} \alpha_j \Phi(r_j) + \sum_{j=1}^{8} \beta_j G(\rho_j) = f(\vec{x}) \qquad (7-24)$$

将第 5 点坐标代入可得一条线性代数方程式：

$$\sum_{j=1}^{4} \alpha_j \Phi(r_{5j}) + \sum_{j=1}^{8} \beta_j G(\rho_{5j}) = f(\vec{x}_5) \qquad (7-25)$$

同理，第 6 到第 12 点各可以形成一条方程式，将此 8 条方程式整理后可得

$$[A_{21} \quad A_{22}]_{8 \times 12} \begin{Bmatrix} \alpha \\ \beta \end{Bmatrix}_{12 \times 1} = \begin{Bmatrix} f_5 \\ f_6 \\ \vdots \\ f_{12} \end{Bmatrix}_{8 \times 1} \tag{7-26}$$

其中

$$[A_{21}]_{8 \times 4} = \Phi, [A_{22}]_{8 \times 8} = G$$

将域内点与边界点形成之方程式合并：

$$\begin{bmatrix} [A_{11}]_{4 \times 4} & [A_{11}]_{4 \times 8} \\ [A_{21}]_{4 \times 4} & [A_{22}]_{4 \times 8} \end{bmatrix}_{12 \times 12} \begin{Bmatrix} \alpha \\ \beta \end{Bmatrix}_{12 \times 1} = \begin{Bmatrix} d \\ f \end{Bmatrix}_{12 \times 1} \tag{7-27}$$

步骤四：求解此一方程式组，就可以得到 $\begin{Bmatrix} \alpha \\ \beta \end{Bmatrix}_{12 \times 1}$，再将这些系数代回解的表示式中就可以求得任意点的答案：

$$u(\vec{x}) = \sum_{j=1}^{4} \alpha_j \Phi(r_j) + \sum_{j=1}^{8} \beta_j G(\rho_j) \tag{7-28}$$

7.2 求解非稳态对流-扩散方程

已知控制方程（Unsteady convection – diffusion equation）、边界条件及初始条件为

$$\left. \begin{aligned} & \frac{\partial u}{\partial t} = k \nabla^2 u + a \frac{\partial u}{\partial x} + b \frac{\partial u}{\partial y} + f, && (x,y) \in \Omega \\ & Bu = g(x,y,t), && (x,y) \in \partial \Omega \\ & u(x,y,t=0) = h(x,y), && (x,y) \in \Omega \end{aligned} \right\} \tag{7-29}$$

采用隐式欧拉法对时间项进行离散：

$$\frac{u^{n+1} - u^n}{\Delta t} = \theta \left(k \nabla^2 u + a \frac{\partial u}{\partial x} + b \frac{\partial u}{\partial y} + f \right)^{n+1} +$$

$$(1-\theta) \left(k \nabla^2 u + a \frac{\partial u}{\partial x} + b \frac{\partial u}{\partial y} + f \right)^n \tag{7-30}$$

$$\theta = 1 \tag{7-31}$$

整理后可得

$$\frac{u^{n+1} - u^n}{\Delta t} = k \nabla^2 u^{n+1} + a \frac{\partial u^{n+1}}{\partial x} + b \frac{\partial u^{n+1}}{\partial y} + f^{n+1} \tag{7-32}$$

将 $n+1$ 时刻的物理量移至等式左边，其余项移至右边：

$$k \nabla^2 u^{n+1} + a \frac{\partial u^{n+1}}{\partial x} + b \frac{\partial u^{n+1}}{\partial y} - \frac{u^{n+1}}{\Delta t} = -f^{n+1} - \frac{u^n}{\Delta t} \tag{7-33}$$

整理得

$$\left(k\,\nabla^2+a\,\frac{\partial}{\partial x}+b\,\frac{\partial}{\partial y}-\frac{1}{\Delta t}\right)u^{n+1}=Lu^{n+1}=-f^{n+1}-\frac{u^n}{\Delta t}=c \tag{7-34}$$

时间相关稳态对流-扩散方程：

$$\nabla^2 u^{n+1}=F\left(x,y,u^{n+1},\frac{\partial u^{n+1}}{\partial x},\frac{\partial u^{n+1}}{\partial y}\right) \tag{7-35}$$

$$u^{n+1}(\vec{x})=\sum_{j=1}^{m}\alpha_j\Phi(r_j)+\sum_{j=1}^{n}\beta_j G(\rho_j) \tag{7-36}$$

步骤一：在计算域内选取 m 个内部点以及 n 个边界点，如图 7-3 所示。内部点需要满足控制方程式，边界点需要满足边界条件。

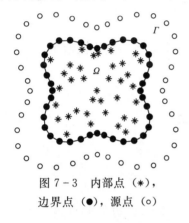

图 7-3　内部点（∗），
边界点（●），源点（○）

步骤二：内部点满足如下控制方程

$$u^{n+1}(\vec{x})=\sum_{j=1}^{m}\alpha_j\Phi(r_j)+\sum_{j=1}^{n}\beta_j G(\rho_j) \tag{7-36}$$

$$\left(k\,\nabla^2+a\,\frac{\partial}{\partial x}+b\,\frac{\partial}{\partial y}-\frac{1}{\Delta t}\right)u^{n+1}=Lu^{n+1}=-f^{n+1}-\frac{u^n}{\Delta t}=c \tag{7-34}$$

$$\sum_{j=1}^{m}\alpha_j L\Phi(r_j)+\sum_{j=1}^{n}\beta_j LG(\rho_j)=c \tag{7-37}$$

$$L=k\,\nabla^2+a\,\frac{\partial}{\partial x}+b\,\frac{\partial}{\partial y}-\frac{1}{\Delta t} \tag{7-38}$$

$$L\Phi=k\phi+a\,\frac{\partial\Phi}{\partial x}+b\,\frac{\partial\Phi}{\partial y}-\frac{1}{\Delta t}\Phi \tag{7-39}$$

$$LG=a\,\frac{\partial G}{\partial x}+b\,\frac{\partial G}{\partial y}-\frac{1}{\Delta t}G \tag{7-40}$$

$$\left[[A_{11}]_{m\times m}\quad [A_{12}]_{m\times n}\right]_{m\times(m+n)}\begin{pmatrix}\alpha\\\beta\end{pmatrix}_{(m+n)\times1}=\begin{pmatrix}c_1\\c_2\\\vdots\\c_m\end{pmatrix}_{m\times1} \tag{7-41}$$

其中

$$[A_{11}]_{m\times m}=k\phi+a\,\frac{\partial\Phi}{\partial x}+b\,\frac{\partial\Phi}{\partial y}+c\Phi$$

$$[A_{12}]_{m\times n}=a\,\frac{\partial G}{\partial x}+b\,\frac{\partial G}{\partial y}+cG$$

步骤三：边界点满足边界条件

$$Bu=g(x,y,t),(x,y)\in\partial\Omega \tag{7-42}$$

因为是一类边界条件，$B=1$

$$\sum_{j=1}^{m}\alpha_j\Phi(r_j)+\sum_{j=1}^{n}\beta_j G(\rho_j)=g(x,y,t)^{n+1} \tag{7-43}$$

总共有 n 个边界点，可形成 n 条线性代数方程式，经整理过后可得

$$\left[\begin{matrix} [A_{21}]_{n\times m} & [A_{22}]_{n\times n} \end{matrix}\right]_{n\times(m+n)} \begin{Bmatrix} \alpha \\ \beta \end{Bmatrix}_{(m+n)\times 1} = \begin{Bmatrix} g_1 \\ g_2 \\ \vdots \\ g_n \end{Bmatrix}_{n\times 1} \tag{7-44}$$

其中:

$$[A_{21}]_{n\times m} = k\phi + a\frac{\partial \Phi}{\partial x} + b\frac{\partial \Phi}{\partial y} + c\Phi$$

$$[A_{22}]_{n\times n} = a\frac{\partial G}{\partial x} + b\frac{\partial G}{\partial y} + cG$$

将两组线性代数方程式合并可得

$$\begin{bmatrix} [A_{11}]_{m\times m} & [A_{12}]_{m\times n} \\ [A_{21}]_{n\times m} & [A_{22}]_{n\times n} \end{bmatrix}_{(m+n)\times(m+n)} \begin{Bmatrix} \alpha \\ \beta \end{Bmatrix}_{(m+n)\times 1} = \begin{Bmatrix} c \\ g \end{Bmatrix}_{(m+n)\times 1} \tag{7-45}$$

$$\begin{Bmatrix} \alpha \\ \beta \end{Bmatrix}_{(m+n)\times 1} = \begin{bmatrix} [A_{11}]_{m\times m} & [A_{12}]_{m\times n} \\ [A_{21}]_{n\times m} & [A_{22}]_{n\times n} \end{bmatrix}_{(m+n)\times(m+n)}^{-1} \begin{Bmatrix} c \\ g \end{Bmatrix}_{(m+n)\times 1} \tag{7-46}$$

可求出未知系数,再代回解的表示式(7-45)中:

$$u^{n+1}(\vec{x}) = \sum_{j=1}^{m} \alpha_j \Phi(r_j) + \sum_{j=1}^{n} \beta_j G(\rho_j)$$

步骤四:求出($n+1$)时刻解的空间分布。此后,可重复相同步骤推算($n+2$)时刻、($n+3$)时刻、($n+4$)时刻…

读者可阅读参考文献〔2〕至文献〔4〕,以对本章有更为深刻的理解。

7.3 参考习题

7-1. 运用 MAEM 求解稳态对流-扩散方程 (the steady convection-diffusion equation)

$$\nabla^2 u(x,y) + a(x,y)\frac{\partial u(x,y)}{\partial x} + b(x,y)\frac{\partial u(x,y)}{\partial y} + e(x,y)u(x,y)$$

$$= d(x,y), (x,y)\in\Omega$$

边界条件(Dirichlet BC,一类边界条件):

$$u(x,y) = f(x,y), (x,y)\in\Omega$$

计算域:$0\leqslant x, y\leqslant 1$

系数条件:$a(x,y) = y^2$,$b(x,y) = x^2$,$e(x,y) = xy$

请将解析解代入控制方程式就可以得到 $d(x, y)$

解析解:$u(x,y) = \cos(2x+y)$

参 考 文 献

〔1〕 WANG H,QIN Q H. A meshless method for generalized linear or nonlinear Poisson-type problems

[J]. Engineering Analysis with Boundary Elements，2006，30（6）：515 - 521.

[2]　JOHN T，KATSIKADELIS. The 2D elastostatic problem in inhomogeneous anisotropic bodies by the meshless analog equation method（MAEM）[J]. Engineering Analysis with Boundary Elements，2008，32（12）：997 - 1005.

[3]　J T KATSIKADELIS. The meshless analog equation method：I. Solution of elliptic partial differential equations，Archive of Applied Mechanics，2009，79（6 - 7），557 - 578.

[4]　FAN C M，CHEN C S，MONROE J. The Method of Fundamental Solutions for Solving Convection - Diffusion Equations with Variable Coefficients [J]. Advances in Applied Mathematics & Mechanics，2009，1（2）：215 - 230.

第8章 局部径向基函数配点法

径向基函数法（RBF）其原理是通过使用不同的径向基函数插值逼近原函数，从而使得数值解与解析解的误差尽可能的小。然而本章所介绍的局部径向基函数配点法（Local RBFCM）则是基于局部化概念的思想，将径向基函数在局部子域中展开，可以避免出现病态矩阵，并且局部化概念可以大幅缩短计算时间，而使该方法更能适应于大范围的工程问题。

8.1 求解泊松方程

已知控制方程式为（Poisson equation）

$$\nabla^2 u(x,y) = b(x,y), (x,y) \in \Omega \tag{8-1}$$

假定边界条件为

$$u(x,y) = f(x,y), (x,y) \in \Gamma \tag{8-2}$$

假设计算域如图 8-1 所示。

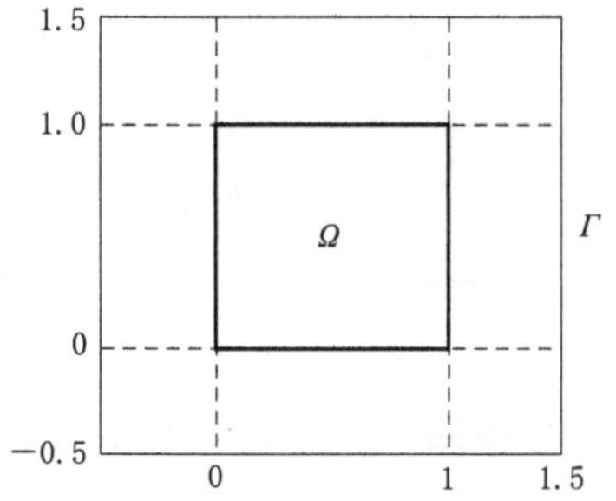

步骤一： 如图 8-2（a）所示，在边界上选取 $n_b = 8$ 个点，并在内域选取 $n_i = 4$ 个点。在求解的过程中，一样需要使内部点满足控制方程式，以及边界点满足边界条件。

步骤二： 假设考虑第 10 个点，首先将距离第 10 个点最近的 $m = 4$ 个点找出来，分别为 1、2、9、11，此一区域称为支持域或子域，如图 8-2（b）所示。

图 8-1 计算域示意图

在此一区域中将解以 RBF 展开：

$$u(x,y) = \sum_j \alpha_j \phi(r_j)$$
$$= \alpha_1 \phi(r_1) + \alpha_2 \phi(r_2) + \alpha_9 \phi(r_9) + \alpha_{10} \phi(r_{10}) + \alpha_{11} \phi(r_{11}) \tag{8-3}$$
$$r_j = |\vec{x} - \vec{x}_j| \tag{8-4}$$

并且，在此一区域中的 5 个值（u_1, u_2, u_9, u_{10}, u_{11}），都可以用这式子展开：

$$\left.\begin{aligned}
u_1 &= \alpha_1 \phi(r_{1,1}) + \alpha_2 \phi(r_{1,2}) + \alpha_9 \phi(r_{1,9}) + \alpha_{10} \phi(r_{1,10}) + \alpha_{11} \phi(r_{1,11}) \\
u_2 &= \alpha_1 \phi(r_{2,1}) + \alpha_2 \phi(r_{2,2}) + \alpha_9 \phi(r_{2,9}) + \alpha_{10} \phi(r_{2,10}) + \alpha_{11} \phi(r_{2,11}) \\
u_9 &= \alpha_1 \phi(r_{9,1}) + \alpha_2 \phi(r_{9,2}) + \alpha_9 \phi(r_{9,9}) + \alpha_{10} \phi(r_{9,10}) + \alpha_{11} \phi(r_{9,11}) \\
u_{10} &= \alpha_1 \phi(r_{10,1}) + \alpha_2 \phi(r_{10,2}) + \alpha_9 \phi(r_{10,9}) + \alpha_{10} \phi(r_{10,10}) + \alpha_{11} \phi(r_{10,11}) \\
u_{11} &= \alpha_1 \phi(r_{11,1}) + \alpha_2 \phi(r_{11,2}) + \alpha_9 \phi(r_{11,9}) + \alpha_{10} \phi(r_{11,10}) + \alpha_{11} \phi(r_{11,11})
\end{aligned}\right\} \tag{8-5}$$

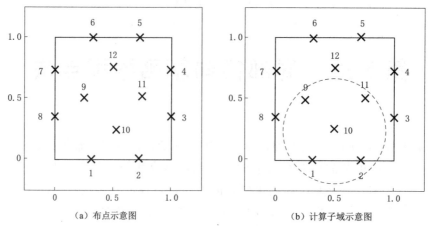

（a）布点示意图　　　　　　　　　　（b）计算子域示意图

图 8-2　计算域及子域布点图

$$
\begin{Bmatrix} u_1 \\ u_2 \\ u_9 \\ u_{10} \\ u_{11} \end{Bmatrix} = \begin{bmatrix} \phi(r_{1,1}) & \phi(r_{1,2}) & \phi(r_{1,9}) & \phi(r_{1,10}) & \phi(r_{1,11}) \\ \phi(r_{2,1}) & \phi(r_{2,2}) & \phi(r_{2,9}) & \phi(r_{2,10}) & \phi(r_{2,11}) \\ \phi(r_{9,1}) & \phi(r_{9,2}) & \phi(r_{9,9}) & \phi(r_{9,10}) & \phi(r_{9,11}) \\ \phi(r_{10,1}) & \phi(r_{10,2}) & \phi(r_{10,9}) & \phi(r_{10,10}) & \phi(r_{10,11}) \\ \phi(r_{11,1}) & \phi(r_{11,2}) & \phi(r_{11,9}) & \phi(r_{11,10}) & \phi(r_{11,11}) \end{bmatrix} \begin{Bmatrix} \alpha_1 \\ \alpha_2 \\ \alpha_9 \\ \alpha_{10} \\ \alpha_{11} \end{Bmatrix}
$$

步骤三：将上式左除矩阵 $\boldsymbol{A}$，即可求得系数矩阵 $\boldsymbol{\alpha}$：

$$
\boldsymbol{u} = \boldsymbol{A}\boldsymbol{\alpha} \qquad \boldsymbol{\alpha} = \boldsymbol{A}^{-1}\boldsymbol{u} \tag{8-6}
$$

$$
\begin{Bmatrix} \alpha_1 \\ \alpha_2 \\ \alpha_9 \\ \alpha_{10} \\ \alpha_{11} \end{Bmatrix} = \begin{bmatrix} \phi(r_{1,1}) & \phi(r_{1,2}) & \phi(r_{1,9}) & \phi(r_{1,10}) & \phi(r_{1,11}) \\ \phi(r_{2,1}) & \phi(r_{2,2}) & \phi(r_{2,9}) & \phi(r_{2,10}) & \phi(r_{2,11}) \\ \phi(r_{9,1}) & \phi(r_{9,2}) & \phi(r_{9,9}) & \phi(r_{9,10}) & \phi(r_{9,11}) \\ \phi(r_{10,1}) & \phi(r_{10,2}) & \phi(r_{10,9}) & \phi(r_{10,10}) & \phi(r_{10,11}) \\ \phi(r_{11,1}) & \phi(r_{11,2}) & \phi(r_{11,9}) & \phi(r_{11,10}) & \phi(r_{11,11}) \end{bmatrix}^{-1} \begin{Bmatrix} u_1 \\ u_2 \\ u_9 \\ u_{10} \\ u_{11} \end{Bmatrix}
$$

步骤四：计算域中任意点的微分量，可以使用附近 5 点的值线性累加表达。下面以第 10 点为例：

$$
u(x,y) = \sum_j \alpha_j \phi(r_j) \tag{8-7}
$$

$$
\frac{\partial^2 u}{\partial x^2} = \sum_j \alpha_j \frac{\partial^2 \phi(r_j)}{\partial x^2} \tag{8-8}
$$

$$
\begin{aligned}
\left. \frac{\partial^2 u}{\partial x^2} \right|_{i=10} &= \sum_j \alpha_j \frac{\partial^2 \phi(r_{10,j})}{\partial x^2} \\
&= \alpha_1 \frac{\partial^2 \phi(r_{10,1})}{\partial x^2} + \alpha_2 \frac{\partial^2 \phi(r_{10,2})}{\partial x^2} + \alpha_9 \frac{\partial^2 \phi(r_{10,9})}{\partial x^2} + \\
&\quad \alpha_{10} \frac{\partial^2 \phi(r_{10,10})}{\partial x^2} + \alpha_{11} \frac{\partial^2 \phi(r_{10,11})}{\partial x^2}
\end{aligned} \tag{8-9}
$$

$$\frac{\partial^2 u}{\partial x^2}\bigg|_{i=10} = \begin{bmatrix} \dfrac{\partial^2 \phi(r_{10,1})}{\partial x^2} & \dfrac{\partial^2 \phi(r_{10,2})}{\partial x^2} & \dfrac{\partial^2 \phi(r_{10,9})}{\partial x^2} & \dfrac{\partial^2 \phi(r_{10,10})}{\partial x^2} & \dfrac{\partial^2 \phi(r_{10,11})}{\partial x^2} \end{bmatrix} \begin{Bmatrix} \alpha_1 \\ \alpha_2 \\ \alpha_9 \\ \alpha_{10} \\ \alpha_{11} \end{Bmatrix}$$

$$= \begin{bmatrix} \dfrac{\partial^2 \phi(r_{10,1})}{\partial x^2} & \dfrac{\partial^2 \phi(r_{10,2})}{\partial x^2} & \dfrac{\partial^2 \phi(r_{10,9})}{\partial x^2} & \dfrac{\partial^2 \phi(r_{10,10})}{\partial x^2} & \dfrac{\partial^2 \phi(r_{10,11})}{\partial x^2} \end{bmatrix} \boldsymbol{\alpha}$$

$$= \begin{bmatrix} \dfrac{\partial^2 \phi(r_{10,1})}{\partial x^2} & \dfrac{\partial^2 \phi(r_{10,2})}{\partial x^2} & \dfrac{\partial^2 \phi(r_{10,9})}{\partial x^2} & \dfrac{\partial^2 \phi(r_{10,10})}{\partial x^2} & \dfrac{\partial^2 \phi(r_{10,11})}{\partial x^2} \end{bmatrix} \boldsymbol{A}^{-1} \boldsymbol{u}$$

$$= c_{10,1} u_1 + c_{10,2} u_2 + c_{10,9} u_9 + c_{10,10} u_{10} + c_{10,11} u_{11} \tag{8-10}$$

所以，第 10 个的二阶微分值 $\left(\dfrac{\partial^2 u}{\partial x^2}\bigg|_{i=10}\right)$ 可通过附近五点的值线性累加表达出来 $(c_{10,1} u_1 + c_{10,2} u_2 + c_{10,9} u_9 + c_{10,10} u_{10} + c_{10,11} u_{11})$，类似的：

$$\frac{\partial^2 u}{\partial y^2}\bigg|_{i=10} = \begin{bmatrix} \dfrac{\partial^2 \phi(r_{10,1})}{\partial y^2} & \dfrac{\partial^2 \phi(r_{10,2})}{\partial y^2} & \dfrac{\partial^2 \phi(r_{10,9})}{\partial y^2} & \dfrac{\partial^2 \phi(r_{10,10})}{\partial y^2} & \dfrac{\partial^2 \phi(r_{10,11})}{\partial y^2} \end{bmatrix} \begin{Bmatrix} \alpha_1 \\ \alpha_2 \\ \alpha_9 \\ \alpha_{10} \\ \alpha_{11} \end{Bmatrix}$$

$$= \begin{bmatrix} \dfrac{\partial^2 \phi(r_{10,1})}{\partial y^2} & \dfrac{\partial^2 \phi(r_{10,2})}{\partial y^2} & \dfrac{\partial^2 \phi(r_{10,9})}{\partial y^2} & \dfrac{\partial^2 \phi(r_{10,10})}{\partial y^2} & \dfrac{\partial^2 \phi(r_{10,11})}{\partial y^2} \end{bmatrix} \boldsymbol{\alpha}$$

$$= \begin{bmatrix} \dfrac{\partial^2 \phi(r_{10,1})}{\partial y^2} & \dfrac{\partial^2 \phi(r_{10,2})}{\partial y^2} & \dfrac{\partial^2 \phi(r_{10,9})}{\partial y^2} & \dfrac{\partial^2 \phi(r_{10,10})}{\partial y^2} & \dfrac{\partial^2 \phi(r_{10,11})}{\partial y^2} \end{bmatrix} \boldsymbol{A}^{-1} \boldsymbol{u}$$

$$= d_{10,1} u_1 + d_{10,2} u_2 + d_{10,9} u_9 + d_{10,10} u_{10} + d_{10,11} u_{11} \tag{8-11}$$

因此，第 10 点的控制方程式可以写为

$$\left(\frac{\partial^2 u}{\partial x^2} + \frac{\partial^2 u}{\partial y^2}\right)\bigg|_{i=10} = b_{10} \tag{8-12}$$

$$(c_{10,1} + d_{10,1}) u_1 + (c_{10,2} + d_{10,2}) u_2 + (c_{10,9} + d_{10,9}) u_9 +$$

$$(c_{10,10} + d_{10,10}) u_{10} + (c_{10,11} + d_{10,11}) u_{11} = b_{10} \tag{8-13}$$

$$e_1^{10} u_1 + e_2^{10} u_2 + e_9^{10} u_9 + e_{10}^{10} u_{10} + e_{11}^{10} u_{11} = b_{10} \tag{8-14}$$

由第 10 点满足控制方程式可以得到一条线性代数方程式。

步骤五： 分别通过内部点满足控制方程和边界点满足边界条件来构造方程式。

（1）内部点 9，11，12 满足控制方程：

9→1，7，8，10

$$e_1^9 u_1 + e_7^9 u_7 + e_8^9 u_8 + e_9^9 u_9 + e_{10}^9 u_{10} = b_9 \tag{8-15}$$

11→3，4，10，12

$$e_3^{11} u_3 + e_4^{11} u_4 + e_{10}^{11} u_{10} + e_{11}^{11} u_{11} + e_{12}^{11} u_{12} = b_{11} \tag{8-16}$$

12→5，6，9，11

$$e_5^{12} u_5 + e_6^{12} u_6 + e_9^{12} u_9 + e_{11}^{12} u_{11} + e_{12}^{12} u_{12} = b_{12} \tag{8-17}$$

（2）边界点都满足边界条件，其中边界条件为

$$u(x,y)=f(x,y),(x,y)\in\Gamma \tag{8-18}$$

$$\left.\begin{array}{l}u_1=f_1\\u_2=f_2\\u_3=f_3\\u_4=f_4\\u_5=f_5\\u_6=f_6\\u_7=f_7\\u_8=f_8\end{array}\right\} \tag{8-19}$$

将此 12 条方程式组合成方程组为

$$[C]\begin{Bmatrix}u_1\\u_2\\u_3\\u_4\\u_5\\u_6\\u_7\\u_8\\u_9\\u_{10}\\u_{11}\\u_{12}\end{Bmatrix}=\begin{Bmatrix}f_1\\f_2\\f_3\\f_4\\f_5\\f_6\\f_7\\f_8\\f_9\\f_{10}\\f_{11}\\f_{12}\end{Bmatrix}$$

$$[C]=\begin{bmatrix}1&0&0&0&0&0&0&0&0&0&0&0\\0&1&0&0&0&0&0&0&0&0&0&0\\0&0&1&0&0&0&0&0&0&0&0&0\\0&0&0&1&0&0&0&0&0&0&0&0\\0&0&0&0&1&0&0&0&0&0&0&0\\0&0&0&0&0&1&0&0&0&0&0&0\\0&0&0&0&0&0&1&0&0&0&0&0\\0&0&0&0&0&0&0&1&0&0&0&0\\e_1^9&0&0&0&0&0&e_7^9&e_8^9&e_9^9&e_{10}^9&0&0\\e_1^{10}&e_2^{10}&0&0&0&0&0&0&e_9^{10}&e_{10}^{10}&e_{11}^{10}&0\\0&0&e_3^{11}&e_4^{11}&0&0&0&0&0&e_{10}^{11}&e_{11}^{11}&e_{12}^{11}\\0&0&0&0&e_5^{12}&e_6^{12}&0&0&e_9^{12}&0&e_{11}^{12}&e_{12}^{12}\end{bmatrix}$$

注：$[C]$ 矩阵中多数为零，称为稀疏矩阵（Sparse matrix），可以使用特殊解法求解，如：CGM、GMRES 等。此系数矩阵与 FDM、FEM、FVM 所产生的矩阵类似。

步骤六：左除矩阵 C 即可求得所需点数值解 $\{u\}_{12\times1}=[C]_{12\times12}{}^{-1}\{f\}_{12\times1}$。

8.2 求解对流扩散方程

已知控制方程式（convection – diffusion equation）为

$$\nabla^2 u+a(x,y)\frac{\partial u}{\partial x}+b(x,y)\frac{\partial u}{\partial y}+c(x,y)u=d(x,y),(x,y)\in\Omega \quad (8-20)$$

假定边界条件为

$$u(x,y)=f(x,y),(x,y)\in\Gamma \quad (8-21)$$

求解作法与求解泊松方程完全相同，假定计算域如图 8-1 所示。

步骤一：在边界上选取 $n_b=8$ 个点，并在内域选取 $n_i=4$ 个点，如图 8-2（a）所示。在求解的过程中，一样需要使内部点满足控制方程式，以及边界点满足边界条件。

步骤二：假设考虑第 10 个点，首先将距离第 10 个点最近的 $m=4$ 个点找出来，分为 1、2、9、11，此一区域称为支持域或子域，如图 8-2（b）所示。

在此一区域中将解以 RBF 展开：

$$u(x,y)=\sum_j \alpha_j\phi(r_j)$$
$$=\alpha_1\phi(r_1)+\alpha_2\phi(r_2)+\alpha_9\phi(r_9)+\alpha_{10}\phi(r_{10})+\alpha_{11}\phi(r_{11}) \quad (8-22)$$

$$r_j=|\vec{x}-\vec{x}_j| \quad (8-23)$$

同理，在此一区域中的 5 个值（u_1，u_2，u_9，u_{10}，u_{11}），都可以用这式子展开。

$$\left.\begin{array}{l}u_1=\alpha\phi(r_{1,1})+\alpha\phi(r_{1,2})+\alpha_9\phi(r_{1,9})+\alpha_{10}\phi(r_{1,10})+\alpha_{11}\phi(r_{1,11})\\u_2=\alpha_1\phi(r_{2,1})+\alpha_2\phi(r_{2,2})+\alpha_9\phi(r_{2,9})+\alpha_{10}\phi(r_{2,10})+\alpha_{11}\phi(r_{2,11})\\u_9=\alpha_1\phi(r_{9,1})+\alpha_2\phi(r_{9,2})+\alpha_9\phi(r_{9,9})+\alpha_{10}\phi(r_{9,10})+\alpha_{11}\phi(r_{9,11})\\u_{10}=\alpha_1\phi(r_{10,1})+\alpha_2\phi(r_{10,2})+\alpha_9\phi(r_{10,9})+\alpha_{10}\phi(r_{10,10})+\alpha_{11}\phi(r_{10,11})\\u_{11}=\alpha_1\phi(r_{11,1})+\alpha_2\phi(r_{11,2})+\alpha_9\phi(r_{11,9})+\alpha_{10}\phi(r_{11,10})+\alpha_{11}\phi(r_{11,11})\end{array}\right\} \quad (8-24)$$

$$\begin{Bmatrix}u_1\\u_2\\u_9\\u_{10}\\u_{11}\end{Bmatrix}=\begin{bmatrix}\phi(r_{1,1})&\phi(r_{1,2})&\phi(r_{1,9})&\phi(r_{1,10})&\phi(r_{1,11})\\\phi(r_{2,1})&\phi(r_{2,2})&\phi(r_{2,9})&\phi(r_{2,10})&\phi(r_{2,11})\\\phi(r_{9,1})&\phi(r_{9,2})&\phi(r_{9,9})&\phi(r_{9,10})&\phi(r_{9,11})\\\phi(r_{10,1})&\phi(r_{10,2})&\phi(r_{10,9})&\phi(r_{10,10})&\phi(r_{10,11})\\\phi(r_{11,1})&\phi(r_{11,2})&\phi(r_{11,9})&\phi(r_{11,10})&\phi(r_{11,11})\end{bmatrix}\begin{Bmatrix}\alpha_1\\\alpha_2\\\alpha_9\\\alpha_{10}\\\alpha_{11}\end{Bmatrix}$$

步骤三：将上式左除矩阵 A，即可求得系数矩阵 α：

$$u=A\alpha,\alpha=A^{-1}u \quad (8-25)$$

$$\begin{Bmatrix} \alpha_1 \\ \alpha_2 \\ \alpha_9 \\ \alpha_{10} \\ \alpha_{11} \end{Bmatrix} = \begin{bmatrix} \phi(r_{1,1}) & \phi(r_{1,2}) & \phi(r_{1,9}) & \phi(r_{1,10}) & \phi(r_{1,11}) \\ \phi(r_{2,1}) & \phi(r_{2,2}) & \phi(r_{2,9}) & \phi(r_{2,10}) & \phi(r_{2,11}) \\ \phi(r_{9,1}) & \phi(r_{9,2}) & \phi(r_{9,9}) & \phi(r_{9,10}) & \phi(r_{9,11}) \\ \phi(r_{10,1}) & \phi(r_{10,2}) & \phi(r_{10,9}) & \phi(r_{10,10}) & \phi(r_{10,11}) \\ \phi(r_{11,1}) & \phi(r_{11,2}) & \phi(r_{11,9}) & \phi(r_{11,10}) & \phi(r_{11,11}) \end{bmatrix}^{-1} \begin{Bmatrix} u_1 \\ u_2 \\ u_9 \\ u_{10} \\ u_{11} \end{Bmatrix}$$

步骤四：计算域中任意点的微分量，可以使用附近 5 点的值线性累加表达。与之前相同，以第 10 点为例。

$$u(x,y) = \sum_j \alpha_j \phi(r_j) \tag{8-26}$$

$$\nabla^2 u + a(x,y)\frac{\partial u}{\partial x} + b(x,y)\frac{\partial u}{\partial y} + c(x,y)u = d(x,y) \tag{8-27}$$

$$Lu = \nabla^2 u + a(x,y)\frac{\partial u}{\partial x} + b(x,y)\frac{\partial u}{\partial y} = \sum_j \alpha_j L\phi(r_j) \tag{8-28}$$

$$L = \nabla^2 + a(x,y)\frac{\partial}{\partial x} + b(x,y)\frac{\partial}{\partial y} \tag{8-29}$$

$$\begin{aligned} L(u)\,|_{i=10} &= \sum_j \alpha_j L\phi(r_{10,j}) \\ &= \alpha_1 L\phi(r_{10,1}) + \alpha_2 L\phi(r_{10,2}) + \alpha_9 L\phi(r_{10,9}) + \\ &\quad \alpha_{10} L\phi(r_{10,10}) + \alpha_{11} L\phi(r_{10,11}) \end{aligned} \tag{8-30}$$

$$\begin{aligned} L(u)\,|_{i=10} &= \begin{bmatrix} L\phi(r_{10,1}) & L\phi(r_{10,2}) & L\phi(r_{10,9}) & L\phi(r_{10,10}) & L\phi(r_{10,11}) \end{bmatrix} \begin{Bmatrix} \alpha_1 \\ \alpha_2 \\ \alpha_9 \\ \alpha_{10} \\ \alpha_{11} \end{Bmatrix} \\ &= \begin{bmatrix} L\phi(r_{10,1}) & L\phi(r_{10,2}) & L\phi(r_{10,9}) & L\phi(r_{10,10}) & L\phi(r_{10,11}) \end{bmatrix} \boldsymbol{\alpha} \\ &= \begin{bmatrix} L\phi(r_{10,1}) & L\phi(r_{10,2}) & L\phi(r_{10,9}) & L\phi(r_{10,10}) & L\phi(r_{10,11}) \end{bmatrix} \boldsymbol{A}^{-1}\boldsymbol{u} \\ &= e_1^{10} u_1 + e_2^{10} u_2 + e_9^{10} u_9 + e_{10}^{10} u_{10} + e_{11}^{10} u_{11} \end{aligned} \tag{8-31}$$

因此，第 10 个的控制方程式可以写为

$$e_1^{10} u_1 + e_2^{10} u_2 + e_9^{10} u_9 + (e_{10}^{10} + c_{10}) u_{10} + e_{11}^{10} u_{11} = d_{10} \tag{8-32}$$

步骤五：分别通过内部点满足控制方程和边界点满足边界条件来构造方程式：

（1）内部点 9、11、12 满足控制方程。

$9 \to 1,\ 7,\ 8,\ 10$

$$e_1^9 u_1 + e_7^9 u_7 + e_8^9 u_8 + (e_9^9 + u_9) u_9 + e_{10}^9 u_{10} = d_9 \tag{8-33}$$

$11 \to 3,\ 4,\ 10,\ 12$

$$e_3^{11} u_3 + e_4^{11} u_4 + e_{10}^{11} u_{10} + (e_{11}^{11} + c_{11}) u_{11} + e_{12}^{11} u_{12} = d_{11} \tag{8-34}$$

$12 \to 5,\ 6,\ 9,\ 11$

$$e_5^{12} u_5 + e_6^{12} u_6 + e_9^{12} u_9 + e_{11}^{12} u_{11} (e_{12}^{12} + u_{12}) u_{12} = d_{12} \tag{8-35}$$

（2）边界点都满足边界条件，其中边界条件为

$$u(x,y)=f(x,y),(x,y)\in\Gamma \tag{8-36}$$

$$\left.\begin{array}{l} u_1=f_1 \\ u_2=f_2 \\ u_3=f_3 \\ u_4=f_4 \\ u_5=f_5 \\ u_6=f_6 \\ u_7=f_7 \\ u_8=f_8 \end{array}\right\} \tag{8-37}$$

将此 12 条方程式组合成方程组：

$$[C]\begin{Bmatrix} u_1 \\ u_2 \\ u_3 \\ u_4 \\ u_5 \\ u_6 \\ u_7 \\ u_8 \\ u_9 \\ u_{10} \\ u_{11} \\ u_{12} \end{Bmatrix}=\begin{Bmatrix} f_1 \\ f_2 \\ f_3 \\ f_4 \\ f_5 \\ f_6 \\ f_7 \\ f_8 \\ f_9 \\ f_{10} \\ f_{11} \\ f_{12} \end{Bmatrix}$$

$$[C]=\begin{bmatrix}
1 & 0 & 0 & 0 & 0 & 0 & 0 & 0 & 0 & 0 & 0 & 0 \\
0 & 1 & 0 & 0 & 0 & 0 & 0 & 0 & 0 & 0 & 0 & 0 \\
0 & 0 & 1 & 0 & 0 & 0 & 0 & 0 & 0 & 0 & 0 & 0 \\
0 & 0 & 0 & 1 & 0 & 0 & 0 & 0 & 0 & 0 & 0 & 0 \\
0 & 0 & 0 & 0 & 1 & 0 & 0 & 0 & 0 & 0 & 0 & 0 \\
0 & 0 & 0 & 0 & 0 & 1 & 0 & 0 & 0 & 0 & 0 & 0 \\
0 & 0 & 0 & 0 & 0 & 0 & 1 & 0 & 0 & 0 & 0 & 0 \\
0 & 0 & 0 & 0 & 0 & 0 & 0 & 1 & 0 & 0 & 0 & 0 \\
e_1^9 & 0 & 0 & 0 & 0 & 0 & e_7^9 & e_8^9 & e_9^9+c_9 & e_{10}^9 & 0 & 0 \\
e_1^{10} & e_2^{10} & 0 & 0 & 0 & 0 & 0 & 0 & e_9^{10} & e_{10}^{10}+c_{10} & e_{11}^{10} & 0 \\
0 & 0 & e_3^{11} & e_4^{11} & 0 & 0 & 0 & 0 & 0 & e_{10}^{11} & e_{11}^{11}+c_{11} & e_{12}^{11} \\
0 & 0 & 0 & 0 & e_5^{12} & e_6^{12} & 0 & 0 & e_9^{12} & 0 & e_{11}^{12} & e_{12}^{12}+c_{12}
\end{bmatrix}$$

步骤六：左除矩阵 C 即可求得所需点数值解 $\{u\}_{12\times1}=[C]_{12\times12}^{-1}\{f\}_{12\times1}$

读者可阅读参考文献［1］至文献［11］，以对本章有更为深刻的理解。

8.3　参考习题

8 - 1. 使用 LRBFCM 求解定常对流扩散方程：

$$\nabla^2 u(x,y)+a(x,y)\frac{\partial u(x,y)}{\partial x}+b(x,y)\frac{\partial u(x,y)}{\partial y}+c(x,y)u(x,y)=d(x,y),$$
$$(x,y)\in\Omega$$

边界条件（Dirichlet BC，first kind BC）为

$$u(x,y)=f(x,y),(x,y)\in\partial\Omega$$

计算域为

$$\Omega\in\{(x,y)\mid x=\rho\cos\theta,y=\rho\sin\theta,0\leqslant\theta\leqslant2\pi\}$$
$$\rho=\{\cos3\theta+[\cos3\theta+\text{sqrt}(2-\sin^2 3\theta)]\}^{1/3}$$

参数条件：

$$a(x,y)=y^2\sin x,b(x,y)=xe^y,c(x,y)=\sin x+\cos y$$

请将解析解代入控制方程式就可以得到 $d(x,y)$。

解析解：

$$u(x,y)=y\sin\pi x+x\cos\pi y$$

请使用 $\sqrt{r^2+c^2}$

(1) 测试在子区域中，采用不同点数对答案所造成的影响。

(2) 测试对于形状参数的敏感度。

(3) 测试在可接受的时间内，可以采用的最多点数。

参　考　文　献

[1] BELLMAN R，KASHEF B G，CASTI J. Differential quadrature：A technique for the rapid solution of nonlinear partial differential equations [J]. Journal of Computational Physics，1972，10 (1)：40 - 52.

[2] LEE C K，LIU X，FAN S C. Local multiquadric approximation for solving boundary value problems [J]. Computational Mechanics，2003，30 (5 - 6)：396 - 409.

[3] CHANTASIRIWAN S. Investigation of the use of radial basis functions in local collocation method for solving diffusion problems [J]. International Communications in Heat & Mass Transfer，2004，31 (8)：1095 - 1104.

[4] SARLER B，VERTNIK R. Meshfree explicit local radial basis function collocation method for diffusion problems [J]. Computers & Mathematics with Applications，2006，51 (8)：1269 - 1282.

[5] VERTNIK R，SARLER，BOZIDAR. Meshless local radial basis function collocation method for convective - diffusive solid - liquid phase change problems [J]. International Journal of Numerical Methods for Heat & Fluid Flow，2006，16 (5)：617 - 640.

[6] DIVO E，KASSAB A J. An efficient localized radial basis function meshless method for fluid flow and conjugate heat transfer [J]. ASME Journal of Heat Transfer，2007，129，124 - 136.

[7] KOSEC G，SARLER B. Local RBF Collocation Method for Darcy flow [J]. Computer Modeling in Engineering and ences，2008，25：197 - 208.

[8] SANYASIRAJU Y V S S，CHANDHINI G. Local radial basis function based gridfree scheme for unsteady incompressible viscous flows [J]. Journal of Computational Physics，2008，227（20）：8922 - 8948.

[9] DIVO E，KASSAB A J. Localized Meshless Modeling of Natural - Convective Viscous Flows [J]. Numerical Heat Transfer Part B Fundamentals，2008，53（6）：487 - 509.

[10] FAN C M，CHIEN C S，Chan H F，et al. The local RBF collocation method for solving the double - diffusive natural convection in fluid - saturated porous media [J]. International Journal of Heat and Mass Transfer，2013，57（2）：500 - 503.

[11] CHAN H F，FAN C M. The Local Radial Basis Function Collocation Method for Solving Two - Dimensional Inverse Cauchy Problems [J]. Numerical Heat Transfer Part B Fundamentals，2013，63（4）：284 - 303.

第9章 广义有限差分法

广义有限差分法（Generalized Finite Difference Method，GFDM）是一种新发展的无网格法，是由传统的有限差分法发展而来，避免耗时的建立网格与积分工作，提高单位时间步长内的计算效率。另外，广义有限差分法的数值求解过程非常简便，因为偏微分项可利用移动最小二乘法推导，将每个点位上的微分项转换为子区域中各点上的物理量权重值的线性累加，让每一内部点满足控制方程，每一边界点满足边界条件，即可求得数值解。该方法是一个非常具有开发潜力的无网格法。

9.1 求解泊松方程

已知控制方程（Poisson equation）为

$$\nabla^2 u(x,y)=b(x,y),(x,y)\in\Omega \qquad (9-1)$$

假定边界条件：

$$u(x,y)=f(x,y),(x,y)\in\Gamma \qquad (9-2)$$

在边界上选取 $n_b=8$ 个点，以及在计算域内选取 $n_i=4$ 个点，如图 9-1 所示。与其他的数值方法相同，最后的数值结果必须要满足两个条件，也就是点落在边界上时需要满足边界条件，点落在计算域内时需要满足控制方程式。

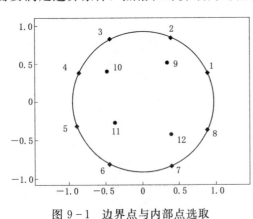

图 9-1 边界点与内部点选取

步骤一： 点 1 到点 8 为边界点。边界点需要满足边界条件。

点 1：$i=1$

$$u(x_1,y_1)=f(x_1,y_1),u_1=f_1$$

点 2：$i=2$

$$u(x_2,y_2)=f(x_2,y_2),u_2=f_2$$

点 3：$i=3$

$$u(x_3,y_3)=f(x_3,y_3),u_3=f_3$$

点 4：$i=4$

$$u(x_4,y_4)=f(x_4,y_4),u_4=f_4$$

点 5：$i=5$

$$u(x_5,y_5)=f(x_5,y_5),u_5=f_5$$

点 6：$i=6$

$$u(x_6,y_6)=f(x_6,y_6),u_6=f_6$$

点 7：$i=7$

$u(x_7,y_7)=f(x_7,y_7),u_7=f_7$

点 8：$i=8$

$u(x_8,y_8)=f(x_8,y_8),u_8=f_8$

由 8 个边界点可以形成 8 条线性代数方程式。

步骤二：考虑内部点的部分。

首先考虑第 9 点：$i=9$

找出最靠近第 9 点的 6 个点（9，2，3，10，1，4），点数可以自行决定，但是最少要 6 个点，如图 9-2 所示。

在此一小区域中，以第 9 点为展开点，将解以泰勒展开式表达：

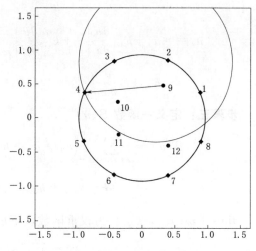

图 9-2 局部点选取示意图

$$u(\vec{x}_i)=u(\vec{x}_9)+h_i\left.\frac{\partial u}{\partial x}\right|_{\vec{x}_9}+k_i\left.\frac{\partial u}{\partial y}\right|_{\vec{x}_9}+$$

$$\frac{1}{2}\left(h_i^2\left.\frac{\partial^2 u}{\partial x^2}\right|_{\vec{x}_9}+k_i^2\left.\frac{\partial^2 u}{\partial y^2}\right|_{\vec{x}_9}+2h_ik_i\left.\frac{\partial^2 u}{\partial x\partial y}\right|_{\vec{x}_9}\right)+\cdots \tag{9-3}$$

$$h_i=x_i-x_9,k_i=y_i-y_9 \tag{9-4}$$

此一展开式在小区域内成立，所以每一个最靠近第 9 点的点都满足式（9-3）。将最靠近的点（2，3，10，1，4）代入式（9-3）中。

$i=2$

$$u_2=u_9+h_{2,9}\left.\frac{\partial u}{\partial x}\right|_{\vec{x}_9}+k_{2,9}\left.\frac{\partial u}{\partial y}\right|_{\vec{x}_9}+\frac{1}{2}h_{2,9}^2\left.\frac{\partial^2 u}{\partial x^2}\right|_{\vec{x}_9}+\frac{1}{2}k_{2,9}^2\left.\frac{\partial^2 u}{\partial y^2}\right|_{\vec{x}_9}+h_{2,9}k_{2,9}\left.\frac{\partial^2 u}{\partial x\partial y}\right|_{\vec{x}_9}$$

$$\tag{9-5}$$

$i=3$

$$u_3=u_9+h_{3,9}\left.\frac{\partial u}{\partial x}\right|_{\vec{x}_9}+k_{3,9}\left.\frac{\partial u}{\partial y}\right|_{\vec{x}_9}+\frac{1}{2}h_{3,9}^2\left.\frac{\partial^2 u}{\partial x^2}\right|_{\vec{x}_9}+\frac{1}{2}k_{3,9}^2\left.\frac{\partial^2 u}{\partial y^2}\right|_{\vec{x}_9}+h_{3,9}k_{3,9}\left.\frac{\partial^2 u}{\partial x\partial y}\right|_{\vec{x}_9}$$

$$\tag{9-6}$$

$i=10$

$$u_{10}=u_9+h_{10,9}\left.\frac{\partial u}{\partial x}\right|_{\vec{x}_9}+k_{10,9}\left.\frac{\partial u}{\partial y}\right|_{\vec{x}_9}+\frac{1}{2}h_{10,9}^2\left.\frac{\partial^2 u}{\partial x^2}\right|_{\vec{x}_9}+\frac{1}{2}k_{10,9}^2\left.\frac{\partial^2 u}{\partial y^2}\right|_{\vec{x}_9}+$$

$$h_{10,9}k_{10,9}\left.\frac{\partial^2 u}{\partial x\partial y}\right|_{\vec{x}_9} \tag{9-7}$$

$i=1$

$$u_1=u_9+h_{1,9}\left.\frac{\partial u}{\partial x}\right|_{\vec{x}_9}+k_{1,9}\left.\frac{\partial u}{\partial y}\right|_{\vec{x}_9}+\frac{1}{2}h_{1,9}^2\left.\frac{\partial^2 u}{\partial x^2}\right|_{\vec{x}_9}+\frac{1}{2}k_{1,9}^2\left.\frac{\partial^2 u}{\partial y^2}\right|_{\vec{x}_9}+h_{1,9}k_{1,9}\left.\frac{\partial^2 u}{\partial x\partial y}\right|_{\vec{x}_9}$$

$$\tag{9-8}$$

$i=4$

$$u_4 == u_9 + h_{4,9}\frac{\partial u}{\partial x}\bigg|_{\vec{x}_9} + k_{4,9}\frac{\partial u}{\partial y}\bigg|_{\vec{x}_9} + \frac{1}{2}h_{4,9}^2\frac{\partial^2 u}{\partial x^2}\bigg|_{\vec{x}_9} + \frac{1}{2}k_{4,9}^2\frac{\partial^2 u}{\partial y^2}\bigg|_{\vec{x}_9} +$$

$$h_{4,9}k_{4,9}\frac{\partial^2 u}{\partial x\partial y}\bigg|_{\vec{x}_9} \tag{9-9}$$

步骤三： 定义一函数 $B(u)$

$$B(u) = \sum_{i=2,3,10,1,4}\bigg[\Big(u_9 - u_i + h_{i,9}u_{x9} + k_{i,9}u_{y9} + \frac{1}{2}k_{i,9}^2 u_{xx9} +$$

$$\frac{1}{2}k_{i,9}^2 u_{yy9} + h_{i,9}k_{i,9}u_{xy9}\Big)w(h_{i,9},k_{i,9})\bigg]^2 \tag{9-10}$$

其中：$w(h_{i,9},\ k_{i,9})$ 为权重函数，下面给出两个常用的权重函数[5]。

$$w_i(d) = \begin{cases} 1 - 6\left(\dfrac{d}{dm}\right)^2 + 8\left(\dfrac{d}{dm}\right)^3 - 3\left(\dfrac{d}{dm}\right)^4, & d\leqslant dm \\ 0, & d > dm \end{cases} \tag{9-11}$$

$$w_i(d) = \begin{cases} \dfrac{2}{3} - 4\left(\dfrac{d}{dm}\right)^2 - 4\left(\dfrac{d}{dm}\right)^3, & d\leqslant \dfrac{1}{2}dm \\ \dfrac{4}{3} - 4\left(\dfrac{d}{dm}\right) + 4\left(\dfrac{d}{dm}\right)^2 - \dfrac{3}{4}\left(\dfrac{d}{dm}\right)^3, & \dfrac{1}{2}dm < d\leqslant dm \\ 0, & d > dm \end{cases} \tag{9-12}$$

式中：d 为离散点的间距，$d=\sqrt{(x-x_i)^2+(y-y_i)^2}$。

各阶偏导项：$u_{x9} = \dfrac{\partial u}{\partial x}\bigg|_{\vec{x}_9}$，$u_{y9} = \dfrac{\partial u}{\partial y}\bigg|_{\vec{x}_9}$，$u_{xx9} = \dfrac{\partial^2 u}{\partial x^2}\bigg|_{\vec{x}_9}$，$u_{yy9} = \dfrac{\partial^2 u}{\partial y^2}\bigg|_{\vec{x}_9}$，

$u_{xy9} = \dfrac{\partial^2 u}{\partial x\partial y}\bigg|_{\vec{x}_9}$

步骤四： 为使 $B(u)$ 函数中 u_{x9}，u_{y9}，u_{xx9}，u_{yy9}，u_{xy9} 各项最小化，将 $B(u)$ 对 u_{x9}，u_{y9}，u_{xx9}，u_{yy9}，u_{xy9} 微分：

$$\frac{\partial B(u)}{\partial u_{x9}},\frac{\partial B(u)}{\partial u_{y9}},\frac{\partial B(u)}{\partial u_{xx9}},\frac{\partial B(u)}{\partial u_{yy9}},\frac{\partial B(u)}{\partial u_{xy9}}$$

其中

$$\frac{\partial B(u)}{\partial u_{x9}} \rightarrow u_9\sum_i w_{i9}^2 h_{i9} - \sum_i u_i w_{i9}^2 h_{i9} + \frac{\partial u}{\partial x}\bigg|_{\vec{x}_9}\sum_i w_{i9}^2 h_{i9}^2 +$$

$$\frac{\partial u}{\partial y}\bigg|_{\vec{x}_9}\sum_i w_{i9}^2 h_{i9}k_{i9} + \frac{\partial^2 u}{\partial x^2}\bigg|_{\vec{x}_9}\sum_i w_{i9}^2\frac{h_{i9}^3}{2} +$$

$$\frac{\partial^2 u}{\partial y^2}\bigg|_{\vec{x}_9}\sum_i w_{i9}^2\frac{k_{i9}^2 h_{i9}}{2} + \frac{\partial^2 u}{\partial x\partial y}\bigg|_{\vec{x}_9}\sum_i w_{i9}^2 h_{i9}^2 k_{i9} = 0 \tag{9-13}$$

其余 4 条方程式可依此类推，并将此 5 条方程式整理后可得

$$
\begin{bmatrix}
\sum_i w_{i9}^2 h_{i9}^2 & \sum_i w_{i9}^2 h_{i9} k_{i9} & \sum_i w_{i9}^2 \dfrac{h_{i9}^3}{2} & \sum_i w_{i9}^2 \dfrac{h_{i9} k_{i9}^2}{2} & \sum_i w_{i9}^2 h_{i9}^2 k_{i9} \\[2mm]
\sum_i w_{i9}^2 h_{i9} k_{i9} & \sum_i w_{i9}^2 h_{i9}^2 & \sum_i w_{i9}^2 \dfrac{h_{i9}^2 k_{i9}}{2} & \sum_i w_{i9}^2 \dfrac{k_{i9}^3}{2} & \sum_i w_{i9}^2 h_{i9} k_{i9}^2 \\[2mm]
\sum_i w_{i9}^2 \dfrac{h_{i9}^3}{2} & \sum_i w_{i9}^2 \dfrac{h_{i9}^2 k_{i9}}{2} & \sum_i w_{i9}^2 \dfrac{h_{i9}^4}{4} & \sum_i w_{i9}^2 \dfrac{h_{i9}^2 k_{i9}^2}{4} & \sum_i w_{i9}^2 \dfrac{h_{i9}^3 k_{i9}}{2} \\[2mm]
\sum_i w_{i9}^2 \dfrac{h_{i9} k_{i9}^2}{2} & \sum_i w_{i9}^2 \dfrac{k_{i9}^3}{2} & \sum_i w_{i9}^2 \dfrac{h_{i9}^2 k_{i9}^2}{4} & \sum_i w_{i9}^2 \dfrac{k_{i9}^4}{4} & \sum_i w_{i9}^2 \dfrac{h_{i9} k_{i9}^3}{2} \\[2mm]
\sum_i w_{i9}^2 h_{i9}^2 k_{i9} & \sum_i w_{i9}^2 h_{i9} k_{i9}^2 & \sum_i w_{i9}^2 \dfrac{h_{i9}^3 k_{i9}}{2} & \sum_i w_{i9}^2 \dfrac{h_{i9} k_{i9}^3}{2} & \sum_i w_{i9}^2 h_{i9}^2 k_{i9}^2
\end{bmatrix}
\begin{Bmatrix}
\dfrac{\partial u}{\partial x}\Big|_{\vec{x}_9} \\[2mm]
\dfrac{\partial u}{\partial y}\Big|_{\vec{x}_9} \\[2mm]
\dfrac{\partial^2 u}{\partial x^2}\Big|_{\vec{x}_9} \\[2mm]
\dfrac{\partial^2 u}{\partial y^2}\Big|_{\vec{x}_9} \\[2mm]
\dfrac{\partial^2 u}{\partial x \partial y}\Big|_{\vec{x}_9}
\end{Bmatrix}
$$

$$
= \begin{Bmatrix}
-u_9 \sum_i w_{i9}^2 h_{i9} + \sum_i u_i w_{i9}^2 h_{i9} \\[2mm]
-u_9 \sum_i w_{i9}^2 k_{i9} + \sum_i u_i w_{i9}^2 k_{i9} \\[2mm]
-u_9 \sum_i w_{i9}^2 \dfrac{h_{i9}^2}{2} + \sum_i u_i w_{i9}^2 \dfrac{h_{i9}^2}{2} \\[2mm]
-u_9 \sum_i w_{i9}^2 \dfrac{k_{i9}^2}{2} + \sum_i u_i w_{i9}^2 \dfrac{k_{i9}^2}{2} \\[2mm]
-u_9 \sum_i w_{i9}^2 h_{i9} k_{i9} + \sum_i u_i w_{i9}^2 h_{i9} k_{i9}
\end{Bmatrix}
$$

$$
[A]\{D\} = \{b\} \tag{9-14}
$$

$$
\{b\}_{5\times1} = \begin{Bmatrix}
-u_9 \sum_i w_{i9}^2 h_{i9} + \sum_i u_i w_{i9}^2 h_{i9} \\[2mm]
-u_9 \sum_i w_{i9}^2 k_{i9} + \sum_i u_i w_{i9}^2 k_{i9} \\[2mm]
-u_9 \sum_i w_{i9}^2 \dfrac{h_{i9}^2}{2} + \sum_i u_i w_{i9}^2 \dfrac{h_{i9}^2}{2} \\[2mm]
-u_9 \sum_i w_{i9}^2 \dfrac{k_{i9}^2}{2} + \sum_i u_i w_{i9}^2 \dfrac{k_{i9}^2}{2} \\[2mm]
-u_9 \sum_i w_{i9}^2 h_{i9} k_{i9} + \sum_i u_i w_{i9}^2 h_{i9} k_{i9}
\end{Bmatrix}_{5\times1}
= [B]_{5\times6}
\begin{Bmatrix}
u_9 \\ u_2 \\ u_3 \\ u_{10} \\ u_1 \\ u_4
\end{Bmatrix}_{6\times1}
$$

$$
\begin{Bmatrix}
\dfrac{\partial u}{\partial x}\Big|_{\vec{x}_9} \\[2mm]
\dfrac{\partial u}{\partial y}\Big|_{\vec{x}_9} \\[2mm]
\dfrac{\partial^2 u}{\partial x^2}\Big|_{\vec{x}_9} \\[2mm]
\dfrac{\partial^2 u}{\partial y^2}\Big|_{\vec{x}_9} \\[2mm]
\dfrac{\partial^2 u}{\partial x \partial y}\Big|_{\vec{x}_9}
\end{Bmatrix}
= \{D\} = [A]^{-1}\{b\} = [A]^{-1}[B]_{5\times6}
\begin{Bmatrix}
u_9 \\ u_2 \\ u_3 \\ u_{10} \\ u_1 \\ u_4
\end{Bmatrix}_{6\times1}
= [E]
\begin{Bmatrix}
u_9 \\ u_2 \\ u_3 \\ u_{10} \\ u_1 \\ u_4
\end{Bmatrix}_{6\times1}
$$

$$\left\{\begin{array}{c} \dfrac{\partial u}{\partial x}\Big|_{\vec{x}_9} \\[2mm] \dfrac{\partial u}{\partial y}\Big|_{\vec{x}_9} \\[2mm] \dfrac{\partial^2 u}{\partial x^2}\Big|_{\vec{x}_9} \\[2mm] \dfrac{\partial^2 u}{\partial y^2}\Big|_{\vec{x}_9} \\[2mm] \dfrac{\partial^2 u}{\partial x \partial y}\Big|_{\vec{x}_9} \end{array}\right\} = \begin{bmatrix} e_{11}^9 & e_{12}^9 & e_{13}^9 & e_{14}^9 & e_{15}^9 & e_{16}^9 \\ e_{21}^9 & e_{22}^9 & e_{23}^9 & e_{24}^9 & e_{25}^9 & e_{26}^9 \\ e_{31}^9 & e_{32}^9 & e_{33}^9 & e_{34}^9 & e_{35}^9 & e_{36}^9 \\ e_{41}^9 & e_{42}^9 & e_{43}^9 & e_{44}^9 & e_{45}^9 & e_{46}^9 \\ e_{51}^9 & e_{52}^9 & e_{53}^9 & e_{54}^9 & e_{55}^9 & e_{56}^9 \end{bmatrix} \left\{\begin{array}{c} u_9 \\ u_2 \\ u_3 \\ u_{10} \\ u_1 \\ u_4 \end{array}\right\}_{6\times 1}$$

步骤五： 由于 Poisson 方程式只需要对 x 及 y 偏微两次的项，所以我们可以将第 3 与第 4 条方程式取出来。

$$\frac{\partial^2 u}{\partial x^2}\Big|_{\vec{x}_9} = e_{31}^9 u_9 + e_{32}^9 u_2 + e_{33}^9 u_3 + e_{34}^9 u_{10} + e_{35}^9 u_1 + e_{36}^9 u_4 \tag{9-15}$$

$$\frac{\partial^2 u}{\partial y^2}\Big|_{\vec{x}_9} = e_{41}^9 u_9 + e_{42}^9 u_2 + e_{43}^9 u_3 + e_{44}^9 u_{10} + e_{45}^9 u_1 + e_{46}^9 u_4 \tag{9-16}$$

针对第 9 点的控制方程式为

$$\frac{\partial^2 u}{\partial x^2}\Big|_{\vec{x}_9} + \frac{\partial^2 u}{\partial y^2}\Big|_{\vec{x}_9} = b_9 \tag{9-17}$$

$$(e_{31}^9 u_9 + e_{32}^9 u_2 + e_{33}^9 u_3 + e_{34}^9 u_{10} + e_{35}^9 u_1 + e_{36}^9 u_4) + \tag{9-18}$$
$$(e_{41}^9 u_9 + e_{42}^9 u_2 + e_{43}^9 u_3 + e_{44}^9 u_{10} + e_{45}^9 u_1 + e_{46}^9 u_4) = b_9$$

整理之后可以得到一条代数方程式：

$$g_1^9 u_1 + g_2^9 u_2 + g_3^9 u_3 + g_4^9 u_4 + g_9^9 u_9 + g_{10}^9 u_{10} = b_9 \tag{9-19}$$

依照相同的方法可以类推到第 10、第 11 与第 12 点。

第 10 点最接近的点为 10、3、4、9、11、5，因此可以得到

$$g_3^9 u_3 + g_4^9 u_4 + g_5^9 u_5 + g_9^9 u_9 + g_{10}^9 u_{10} + g_{11}^9 u_{11} = b_{10}$$

第 11 点最接近的点为 11，5、6、4、10、7，因此可以得到

$$g_4^9 u_4 + g_5^9 u_5 + g_6^9 u_6 + g_7^9 u_7 + g_{10}^9 u_{10} + g_{11}^9 u_{11} = b_{11}$$

第 12 点最接近的点为 12、8、7、1、6、9，因此可以得到

$$g_1^9 u_1 + g_6^9 u_6 + g_7^9 u_7 + g_8^9 u_8 + g_9^9 u_9 + g_{12}^9 u_{12} = b_{12}$$

步骤六： 将边界点得到的 8 条方程式与内部点得到的 4 条方程式加以整理可得下列矩阵：

$$\begin{bmatrix} 1 & 0 & 0 & 0 & 0 & 0 & 0 & 0 & 0 & 0 & 0 & 0 \\ 0 & 1 & 0 & 0 & 0 & 0 & 0 & 0 & 0 & 0 & 0 & 0 \\ 0 & 0 & 1 & 0 & 0 & 0 & 0 & 0 & 0 & 0 & 0 & 0 \\ 0 & 0 & 0 & 1 & 0 & 0 & 0 & 0 & 0 & 0 & 0 & 0 \\ 0 & 0 & 0 & 0 & 1 & 0 & 0 & 0 & 0 & 0 & 0 & 0 \\ 0 & 0 & 0 & 0 & 0 & 1 & 0 & 0 & 0 & 0 & 0 & 0 \\ 0 & 0 & 0 & 0 & 0 & 0 & 1 & 0 & 0 & 0 & 0 & 0 \\ 0 & 0 & 0 & 0 & 0 & 0 & 0 & 1 & 0 & 0 & 0 & 0 \\ g_1^9 & g_2^9 & g_3^9 & g_4^9 & 0 & 0 & 0 & 0 & g_9^9 & g_{10}^9 & 0 & 0 \\ 0 & 0 & g_3^{10} & g_4^{10} & g_5^{10} & 0 & 0 & 0 & g_9^{10} & g_{10}^{10} & g_{11}^{10} & 0 \\ 0 & 0 & 0 & g_4^{11} & g_5^{11} & g_6^{11} & g_7^{11} & 0 & 0 & g_{10}^{11} & g_{11}^{11} & 0 \\ g_1^{12} & 0 & 0 & 0 & 0 & g_6^{12} & g_7^{12} & g_8^{12} & g_9^{12} & 0 & 0 & g_{12}^{12} \end{bmatrix} \begin{Bmatrix} u_1 \\ u_2 \\ u_3 \\ u_4 \\ u_5 \\ u_6 \\ u_7 \\ u_8 \\ u_9 \\ u_{10} \\ u_{11} \\ u_{12} \end{Bmatrix} = \begin{Bmatrix} f_1 \\ f_2 \\ f_3 \\ f_4 \\ f_5 \\ f_6 \\ f_7 \\ f_8 \\ f_9 \\ f_{10} \\ f_{11} \\ f_{12} \end{Bmatrix}$$

$$[D]\{u\}=\{f\} \rightarrow \{u\}=[D]^{-1}\{f\} \tag{9-20}$$

9.2 求解对流扩散方程

已知控制方程（Convection-diffusion equation）为

$$\nabla^2 u(x,y)+p(x,y)\frac{\partial u}{\partial x}+q(x,y)\frac{\partial u}{\partial y}=b(x,y),(x,y)\in\Omega \tag{9-21}$$

假定边界条件：

$$u(x,y)=f(x,y),(x,y)\in\Gamma \tag{9-22}$$

该方程的求解步骤与前文求解泊松方程相类似。

步骤一：在边界上选取 $n_b=8$ 个点，以及在计算域内选取 $n_i=4$ 个点，如图 9-1 所示。与其他的数值方法相同，最后的数值结果必须要满足两个条件，也就是点落在边界上时需要满足边界条件，点落在计算域内时需要满足控制方程式。

点 1 到点 8 为边界点。边界点需要满足边界条件：

点 1：$i=1$

$$u(x_1,y_1)=f(x_1,y_1),u_1=f_1$$

点 2：$i=2$

$$u(x_2,y_2)=f(x_2,y_2),u_2=f_2$$

点 3：$i=3$

$$u(x_3,y_3)=f(x_3,y_3),u_3=f_3$$

点 4：$i=4$

$$u(x_4,y_4)=f(x_4,y_4),u_4=f_4$$

点 5：$i=5$

$$u(x_5,y_5)=f(x_5,y_5),u_5=f_5$$

点 6：$i=6$

$$u(x_6,y_6)=f(x_6,y_6),u_6=f_6$$

点 7：$i=7$

$$u(x_7,y_7)=f(x_7,y_7),u_7=f_7$$

点 8：$i=8$

$$u(x_8,y_8)=f(x_8,y_8),u_8=f_8$$

由 8 个边界点可以形成 8 条线性代数方程式。

步骤二：考虑内部点的部分。

首先考虑第 9 点：$i=9$

找出最靠近第九点的 6 个点（9，2，3，10，1，4），点数可以自行决定，但是最少要 6 个点，如图 9-2 所示。

在此一小区域中，以第 9 点为展开点，将解以泰勒展开式表达：

$$u(\vec{x}_i)=u(\vec{x}_9)+h_i\frac{\partial u}{\partial x}\Big|_{\vec{x}_9}+k_i\frac{\partial u}{\partial y}\Big|_{\vec{x}_9}+\frac{1}{2}\left(h_i^2\frac{\partial^2 u}{\partial x^2}\Big|_{\vec{x}_9}+k_i^2\frac{\partial^2 u}{\partial y^2}\Big|_{\vec{x}_9}+2h_ik_i\frac{\partial^2 u}{\partial x\partial y}\Big|_{\vec{x}_9}\right)+\cdots$$

$$(9-23)$$

$$h_i=x_i-x_9,k_i=y_i-y_9 \tag{9-24}$$

此一展开式在小区域内成立，所以每一个最靠近第 9 点的点都满足式（9-23）。将最靠近的点（2，3，10，1，4）代入式（9-23）中。

$i=2$

$$u_2=u_9+h_{2,9}\frac{\partial u}{\partial x}\Big|_{\vec{x}_9}+k_{2,9}\frac{\partial u}{\partial y}\Big|_{\vec{x}_9}+\frac{1}{2}h_{2,9}^2\frac{\partial^2 u}{\partial x^2}\Big|_{\vec{x}_9}+\frac{1}{2}k_{2,9}^2\frac{\partial^2 u}{\partial y^2}\Big|_{\vec{x}_9}+h_{2,9}k_{2,9}\frac{\partial^2 u}{\partial x\partial y}\Big|_{\vec{x}_9}$$

$$(9-25)$$

$i=3$

$$u_3=u_9+h_{3,9}\frac{\partial u}{\partial x}\Big|_{\vec{x}_9}+k_{3,9}\frac{\partial u}{\partial y}\Big|_{\vec{x}_9}+\frac{1}{2}h_{3,9}^2\frac{\partial^2 u}{\partial x^2}\Big|_{\vec{x}_9}+\frac{1}{2}k_{3,9}^2\frac{\partial^2 u}{\partial y^2}\Big|_{\vec{x}_9}+h_{3,9}k_{3,9}\frac{\partial^2 u}{\partial x\partial y}\Big|_{\vec{x}_9}$$

$$(9-26)$$

$i=10$

$$u_{10}=u_9+h_{10,9}\frac{\partial u}{\partial x}\Big|_{\vec{x}_9}+k_{10,9}\frac{\partial u}{\partial y}\Big|_{\vec{x}_9}+\frac{1}{2}h_{10,9}^2\frac{\partial^2 u}{\partial x^2}\Big|_{\vec{x}_9}+\frac{1}{2}k_{10,9}^2\frac{\partial^2 u}{\partial y^2}\Big|_{\vec{x}_9}+h_{10,9}k_{10,9}\frac{\partial^2 u}{\partial x\partial y}\Big|_{\vec{x}_9}$$

$$(9-27)$$

$i=1$

$$u_1=u_9+h_{1,9}\frac{\partial u}{\partial x}\Big|_{\vec{x}_9}+k_{1,9}\frac{\partial u}{\partial y}\Big|_{\vec{x}_9}+\frac{1}{2}h_{1,9}^2\frac{\partial^2 u}{\partial x^2}\Big|_{\vec{x}_9}+\frac{1}{2}k_{1,9}^2\frac{\partial^2 u}{\partial y^2}\Big|_{\vec{x}_9}+h_{1,9}k_{1,9}\frac{\partial^2 u}{\partial x\partial y}\Big|_{\vec{x}_9}$$

$$(9-28)$$

$i=4$

$$u_4=u_9+h_{4,9}\frac{\partial u}{\partial x}\Big|_{\vec{x}_9}+k_{4,9}\frac{\partial u}{\partial y}\Big|_{\vec{x}_9}+\frac{1}{2}h_{4,9}^2\frac{\partial^2 u}{\partial x^2}\Big|_{\vec{x}_9}+\frac{1}{2}k_{4,9}^2\frac{\partial^2 u}{\partial y^2}\Big|_{\vec{x}_9}+h_{4,9}k_{4,9}\frac{\partial^2 u}{\partial x\partial y}\Big|_{\vec{x}_9}$$

$$(9-29)$$

将这 5 条方程式相加

$$\sum_{i=2,3,10,1,4} u_i - u_9 = \sum_{i=2,3,10,1,4} h_{i,9} \left.\frac{\partial u}{\partial x}\right|_{\vec{x}_9} + k_{i,9} \left.\frac{\partial u}{\partial y}\right|_{\vec{x}_9} +$$

$$\frac{1}{2} h_{i,9}^2 \left.\frac{\partial^2 u}{\partial x^2}\right|_{\vec{x}_9} + \frac{1}{2} k_{i,9}^2 \left.\frac{\partial^2 u}{\partial y^2}\right|_{\vec{x}_9} + h_{i,9} k_{i,9} \left.\frac{\partial^2 u}{\partial x \partial y}\right|_{\vec{x}_9}$$

$$(9-30)$$

步骤三：定义一函数 $B(u)$

$$B(u) = \sum_{i=2,3,10,1,4} \left[(u_9 - u_i + h_{i,9} u_{x9} + k_{i,9} u_{y9} + \frac{1}{2} h_{i,9}^2 u_{xx9} + \right.$$

$$\left. \frac{1}{2} k_{i,9}^2 u_{yy9} + h_{i,9} k_{i,9} u_{xy9}) w(h_{i,9}, k_{i,9}) \right]^2$$

$$(9-31)$$

其中权重函数 $w(h_{i,9}, k_{i,9})$：

$$u_{x9} = \left.\frac{\partial u}{\partial x}\right|_{\vec{x}_9}, u_{y9} = \left.\frac{\partial u}{\partial y}\right|_{\vec{x}_9}, u_{xx9} = \left.\frac{\partial^2 u}{\partial x^2}\right|_{\vec{x}_9}, u_{yy9} = \left.\frac{\partial^2 u}{\partial y^2}\right|_{\vec{x}_9}, u_{xy9} = \left.\frac{\partial^2 u}{\partial x \partial y}\right|_{\vec{x}_9}$$

步骤四：为使 $B(u)$ 函数中 u_{x9}，u_{y9}，u_{xx9}，u_{yy9}，u_{xy9} 各项最小化，将 $B(u)$ 对 u_{x9}，u_{y9}，u_{xx9}，u_{yy9}，u_{xy9} 微分：

$$\frac{\partial B(u)}{\partial u_{x9}}, \frac{\partial B(u)}{\partial u_{y9}}, \frac{\partial B(u)}{\partial u_{xx9}}, \frac{\partial B(u)}{\partial u_{yy9}}, \frac{\partial B(u)}{\partial u_{xy9}}$$

其中：

$$\frac{\partial B(u)}{\partial u_{x9}} \rightarrow u_9 \sum_i w_{i9}^2 h_{i9} - \sum_i u_i w_{i9}^2 h_{i9} + \left.\frac{\partial u}{\partial x}\right|_{\vec{x}_9} \sum_i w_{i9}^2 h_{i9}^2 +$$

$$\left.\frac{\partial u}{\partial y}\right|_{\vec{x}_9} \sum_i w_{i9}^2 h_{i9} k_{i9} + \left.\frac{\partial^2 u}{\partial x^2}\right|_{\vec{x}_9} \sum_i w_{i9}^2 \frac{h_{i9}^3}{2} +$$

$$\left.\frac{\partial^2 u}{\partial y^2}\right|_{\vec{x}_9} \sum_i w_{i9}^2 \frac{k_{i9}^2 h_{i9}}{2} + \left.\frac{\partial^2 u}{\partial x \partial y}\right|_{\vec{x}_9} \sum_i w_{i9}^2 h_{i9}^2 k_{i9} = 0 \qquad (9-32)$$

其余 4 条方程式可依此类推，将此 5 条方程式整理后可得

$$\begin{bmatrix} \sum_i w_{i9}^2 h_{i9}^2 & \sum_i w_{i9}^2 h_{i9} k_{i9} & \sum_i w_{i9}^2 \frac{h_{i9}^3}{2} & \sum_i w_{i9}^2 \frac{h_{i9} k_{i9}^2}{2} & \sum_i w_{i9}^2 h_{i9}^2 k_{i9} \\ \sum_i w_{i9}^2 h_{i9} k_{i9} & \sum_i w_{i9}^2 h_{i9}^2 & \sum_i w_{i9}^2 \frac{h_{i9}^2 k_{i9}}{2} & \sum_i w_{i9}^2 \frac{k_{i9}^3}{2} & \sum_i w_{i9}^2 h_{i9} k_{i9}^2 \\ \sum_i w_{i9}^2 \frac{h_{i9}^3}{2} & \sum_i w_{i9}^2 \frac{h_{i9}^2 k_{i9}}{2} & \sum_i w_{i9}^2 \frac{h_{i9}^4}{4} & \sum_i w_{i9}^2 \frac{h_{i9}^2 k_{i9}^2}{4} & \sum_i w_{i9}^2 \frac{h_{i9}^3 k_{i9}}{2} \\ \sum_i w_{i9}^2 \frac{h_{i9} k_{i9}^2}{2} & \sum_i w_{i9}^2 \frac{k_{i9}^3}{2} & \sum_i w_{i9}^2 \frac{h_{i9}^2 k_{i9}^2}{4} & \sum_i w_{i9}^2 \frac{k_{i9}^4}{4} & \sum_i w_{i9}^2 \frac{h_{i9} k_{i9}^3}{2} \\ \sum_i w_{i9}^2 h_{i9}^2 k_{i9} & \sum_i w_{i9}^2 h_{i9} k_{i9}^2 & \sum_i w_{i9}^2 \frac{h_{i9}^3 k_{i9}}{2} & \sum_i w_{i9}^2 \frac{h_{i9} k_{i9}^3}{2} & \sum_i w_{i9}^2 h_{i9}^2 k_{i9}^2 \end{bmatrix} \begin{Bmatrix} \left.\frac{\partial u}{\partial x}\right|_{\vec{x}_9} \\ \left.\frac{\partial u}{\partial y}\right|_{\vec{x}_9} \\ \left.\frac{\partial^2 u}{\partial x^2}\right|_{\vec{x}_9} \\ \left.\frac{\partial^2 u}{\partial y^2}\right|_{\vec{x}_9} \\ \left.\frac{\partial^2 u}{\partial x \partial y}\right|_{\vec{x}_9} \end{Bmatrix}$$

$$
= \left\{
\begin{array}{c}
-u_9 \displaystyle\sum_i w_{i9}^2 h_{i9} + \sum_i u_i w_{i9}^2 h_{i9} \\[2mm]
-u_9 \displaystyle\sum_i w_{i9}^2 k_{i9} + \sum_i u_i w_{i9}^2 k_{i9} \\[2mm]
-u_9 \displaystyle\sum_i w_{i9}^2 \frac{h_{i9}^2}{2} + \sum_i u_i w_{i9}^2 \frac{h_{i9}^2}{2} \\[2mm]
-u_9 \displaystyle\sum_i w_{i9}^2 \frac{k_{i9}^2}{2} + \sum_i u_i w_{i9}^2 \frac{k_{i9}^2}{2} \\[2mm]
-u_9 \displaystyle\sum_i w_{i9}^2 h_{i9} k_{i9} + \sum_i u_i w_{i9}^2 h_{i9} k_{i9}
\end{array}
\right\} \rightarrow [A]\{D\} = \{b\}
$$

$$
\{b\}_{5\times1} = \left\{
\begin{array}{c}
-u_9 \displaystyle\sum_i w_{i9}^2 h_{i9} + \sum_i u_i w_{i9}^2 h_{i9} \\[2mm]
-u_9 \displaystyle\sum_i w_{i9}^2 k_{i9} + \sum_i u_i w_{i9}^2 k_{i9} \\[2mm]
-u_9 \displaystyle\sum_i w_{i9}^2 \frac{h_{i9}^2}{2} + \sum_i u_i w_{i9}^2 \frac{h_{i9}^2}{2} \\[2mm]
-u_9 \displaystyle\sum_i w_{i9}^2 \frac{k_{i9}^2}{2} + \sum_i u_i w_{i9}^2 \frac{k_{i9}^2}{2} \\[2mm]
-u_9 \displaystyle\sum_i w_{i9}^2 h_{i9} k_{i9} + \sum_i u_i w_{i9}^2 h_{i9} k_{i9}
\end{array}
\right\}_{5\times1}
= [B]_{5\times6}
\left\{
\begin{array}{c}
u_9 \\ u_2 \\ u_3 \\ u_{10} \\ u_1 \\ u_4
\end{array}
\right\}_{6\times1}
$$

$$
\left\{
\begin{array}{c}
\left.\dfrac{\partial u}{\partial x}\right|_{\vec{x}_9} \\[2mm]
\left.\dfrac{\partial u}{\partial y}\right|_{\vec{x}_9} \\[2mm]
\left.\dfrac{\partial^2 u}{\partial x^2}\right|_{\vec{x}_9} \\[2mm]
\left.\dfrac{\partial^2 u}{\partial y^2}\right|_{\vec{x}_9} \\[2mm]
\left.\dfrac{\partial^2 u}{\partial x \partial y}\right|_{\vec{x}_9}
\end{array}
\right\}
= \{D\} = [A]^{-1}\{b\} = [A]^{-1}[B]_{5\times6}
\left\{
\begin{array}{c}
u_9 \\ u_2 \\ u_3 \\ u_{10} \\ u_1 \\ u_4
\end{array}
\right\}_{6\times1}
= [E]
\left\{
\begin{array}{c}
u_9 \\ u_2 \\ u_3 \\ u_{10} \\ u_1 \\ u_4
\end{array}
\right\}_{6\times1}
$$

$$
\left\{
\begin{array}{c}
\left.\dfrac{\partial u}{\partial x}\right|_{\vec{x}_9} \\[2mm]
\left.\dfrac{\partial u}{\partial y}\right|_{\vec{x}_9} \\[2mm]
\left.\dfrac{\partial^2 u}{\partial x^2}\right|_{\vec{x}_9} \\[2mm]
\left.\dfrac{\partial^2 u}{\partial y^2}\right|_{\vec{x}_9} \\[2mm]
\left.\dfrac{\partial^2 u}{\partial x \partial y}\right|_{\vec{x}_9}
\end{array}
\right\}
= \begin{bmatrix}
e_{11}^9 & e_{12}^9 & e_{13}^9 & e_{14}^9 & e_{15}^9 & e_{16}^9 \\
e_{21}^9 & e_{22}^9 & e_{23}^9 & e_{24}^9 & e_{25}^9 & e_{26}^9 \\
e_{31}^9 & e_{32}^9 & e_{33}^9 & e_{34}^9 & e_{35}^9 & e_{36}^9 \\
e_{41}^9 & e_{42}^9 & e_{43}^9 & e_{44}^9 & e_{45}^9 & e_{46}^9 \\
e_{51}^9 & e_{52}^9 & e_{53}^9 & e_{54}^9 & e_{55}^9 & e_{56}^9
\end{bmatrix}
\left\{
\begin{array}{c}
u_9 \\ u_2 \\ u_3 \\ u_{10} \\ u_1 \\ u_4
\end{array}
\right\}_{6\times1}
$$

则控制方程式为

$$\nabla^2 u(x,y)+p(x,y)\frac{\partial u}{\partial x}+q(x,y)\frac{\partial u}{\partial y}=b(x,y) \tag{9-33}$$

步骤五： 可以将第 1～4 条方程式取出来。

$$\left.\frac{\partial u}{\partial x}\right|_{\vec{x}_9}=e^9_{11}u_9+e^9_{12}u_2+e^9_{13}u_3+e^9_{14}u_{10}+e^9_{15}u_1+e^9_{16}u_4 \tag{9-34}$$

$$\left.\frac{\partial u}{\partial y}\right|_{\vec{x}_9}=e^9_{21}u_9+e^9_{22}u_2+e^9_{23}u_3+e^9_{24}u_{10}+e^9_{25}u_1+e^9_{26}u_4 \tag{9-35}$$

$$\left.\frac{\partial^2 u}{\partial x^2}\right|_{\vec{x}_9}=e^9_{31}u_9+e^9_{32}u_2+e^9_{33}u_3+e^9_{34}u_{10}+e^9_{35}u_1+e^9_{36}u_4 \tag{9-36}$$

$$\left.\frac{\partial^2 u}{\partial y^2}\right|_{\vec{x}_9}=e^9_{41}u_9+e^9_{42}u_2+e^9_{43}u_3+e^9_{44}u_{10}+e^9_{45}u_1+e^9_{46}u_4 \tag{9-37}$$

针对第 9 点的控制方程式为

$$\left.\frac{\partial^2 u}{\partial x^2}\right|_{\vec{x}_9}+\left.\frac{\partial^2 u}{\partial y^2}\right|_{\vec{x}_9}+p_9\left.\frac{\partial u}{\partial x}\right|_{\vec{x}_9}+q_9\left.\frac{\partial u}{\partial y}\right|_{\vec{x}_9}=b_9 \tag{9-38}$$

$$(e^9_{31}u_9+e^9_{32}u_2+e^9_{33}u_3+e^9_{34}u_{10}+e^9_{35}u_1+e^9_{36}u_4)+$$
$$(e^9_{41}u_9+e^9_{42}u_2+e^9_{43}u_3+e^9_{44}u_{10}+e^9_{45}u_1+e^9_{46}u_4)+$$
$$p_9(e^9_{11}u_9+e^9_{12}u_2+e^9_{13}u_3+e^9_{14}u_{10}+e^9_{15}u_1+e^9_{16}u_4)+$$
$$q_9(e^9_{21}u_9+e^9_{22}u_2+e^9_{23}u_3+e^9_{24}u_{10}+e^9_{25}u_1+e^9_{26}u_4)=b_9 \tag{9-39}$$

整理之后可以得到一条代数方程式：

$$g^9_1 u_1+g^9_2 u_2+g^9_3 u_3+g^9_4 u_4+g^9_9 u_9+g^9_{10}u_{10}=b_9 \tag{9-40}$$

依照相同的方法可以类推到第 10、第 11 与第 12 点。第 10 点最接近的点为 10、3、4、9、11、5，因此可以得到：

$$g^9_3 u_3+g^9_4 u_4+g^9_5 u_5+g^9_9 u_9+g^9_{10}u_{10}+g^9_{11}u_{11}=b_{10}$$

第 11 点最接近的点为 11、5、6、4、10、7，因此可以得到：

$$g^9_4 u_4+g^9_5 u_5+g^9_6 u_6+g^9_7 u_7+g^9_{10}u_{10}+g^9_{11}u_{11}=b_{11}$$

第 12 点最接近的点为 12、8、7、1、6、9，因此可以得到：

$$g^9_1 u_1+g^9_6 u_6+g^9_7 u_7+g^9_8 u_8+g^9_9 u_9+g^9_{12}u_{12}=b_{12}$$

将边界点得到的 8 条方程式与内部点得到的 4 条方程式加以整理可得下列矩阵：

$$
\begin{bmatrix}
1 & 0 & 0 & 0 & 0 & 0 & 0 & 0 & 0 & 0 & 0 & 0 \\
0 & 1 & 0 & 0 & 0 & 0 & 0 & 0 & 0 & 0 & 0 & 0 \\
0 & 0 & 1 & 0 & 0 & 0 & 0 & 0 & 0 & 0 & 0 & 0 \\
0 & 0 & 0 & 1 & 0 & 0 & 0 & 0 & 0 & 0 & 0 & 0 \\
0 & 0 & 0 & 0 & 1 & 0 & 0 & 0 & 0 & 0 & 0 & 0 \\
0 & 0 & 0 & 0 & 0 & 1 & 0 & 0 & 0 & 0 & 0 & 0 \\
0 & 0 & 0 & 0 & 0 & 0 & 1 & 0 & 0 & 0 & 0 & 0 \\
0 & 0 & 0 & 0 & 0 & 0 & 0 & 1 & 0 & 0 & 0 & 0 \\
g^9_1 & g^9_2 & g^9_3 & g^9_4 & 0 & 0 & 0 & 0 & g^9_9 & g^9_{10} & 0 & 0 \\
0 & 0 & g^{10}_3 & g^{10}_4 & g^{10}_5 & 0 & 0 & 0 & g^{10}_9 & g^{10}_{10} & g^{10}_{11} & 0 \\
0 & 0 & 0 & g^{11}_4 & g^{11}_5 & g^{11}_6 & g^{11}_7 & 0 & 0 & g^{11}_{10} & g^{11}_{11} & 0 \\
g^{12}_1 & 0 & 0 & 0 & 0 & g^{12}_6 & g^{12}_7 & g^{12}_8 & g^{12}_9 & 0 & 0 & g^{12}_{12}
\end{bmatrix}
\begin{Bmatrix}
u_1 \\ u_2 \\ u_3 \\ u_4 \\ u_5 \\ u_6 \\ u_7 \\ u_8 \\ u_9 \\ u_{10} \\ u_{11} \\ u_{12}
\end{Bmatrix}
=
\begin{Bmatrix}
f_1 \\ f_2 \\ f_3 \\ f_4 \\ f_5 \\ f_6 \\ f_7 \\ f_8 \\ f_9 \\ f_{10} \\ f_{11} \\ f_{12}
\end{Bmatrix}
$$

$$[\boldsymbol{D}]\{\boldsymbol{u}\}=\{\boldsymbol{f}\}\rightarrow\{\boldsymbol{u}\}=[\boldsymbol{D}]^{-1}\{\boldsymbol{f}\} \tag{9-41}$$

读者可阅读参考文献 [1] 至文献 [10]，以对本章有更为深刻的理解。

9.3 参考习题

9-1. 用广义有限差分法（GFDM）求解下列方程：

$$\frac{\partial^2 u}{\partial x^2}+2\frac{\partial^2 u}{\partial y^2}+\frac{\partial^2 u}{\partial x\partial y}+\frac{\partial u}{\partial x}-\frac{\partial u}{\partial y}=0$$

边界条件（Dirichlet BC，一类边界条件）：

$$u(x,y)=f(x,y),(x,y)\in\partial\Omega$$

计算域：$0\leqslant x,\ y\leqslant1$

解析解：$u=e^x\cos y$

参 考 文 献

[1] BENITO J J, URENA F, GAVETE L. Influence of several factors in the generalized finite difference method [J]. Applied Mathematical Modelling, 2001, 25 (12): 1039-1053.

[2] TANG D, YANG C, KOBAYASHI S, et al. Generalized finite difference method for 3-D viscous flow in stenotic tubes with large wall deformation and collapse [J]. Applied Numerical Mathematics, 2001, 38 (1-2): 49-68.

[3] LUO Y, HAUSSLER-COMBE U. A generalized finite-difference method based on minimizing global residual [J]. Computer Methods in Applied Mechanics and Engineering, 2002, 191 (13/14): p. 1421-1438.

[4] BENITO J J, URENA F, GAVETE L, et al. An h-adaptive method in the generalized finite differences [J]. Computer Methods in Applied Mechanics & Engineering, 2003, 192 (5/6): 735-759.

[5] GAVETE L, GAVETE M L, BENITO J J. Improvements of generalized finite difference method and comparison with other meshless method [J]. Applied Mathematical Modelling, 2003, 27 (10): 831-847.

[6] BENITO J J, Ure? A F, GAVETE L. Solving parabolic and hyperbolic equations by the generalized finite difference method [J]. Journal of Computational & Applied Mathematics, 2007, 209 (2): 208-233.

[7] PAYRE G M J. Influence graphs and the generalized finite difference method [J]. Computer Methods in Applied Mechanics & Engineering, 2007, 196 (13/16): 1933-1945.

[8] BENITO J J, F URE ÑA, L. GAVETE, et al. Application of the Generalized Finite Difference Method to improve the approximated solution of pdes [J]. Computer Modeling in Engineering & ences, 2008, 38 (1): 39-58.

[9] CHAN H F, FAN C M, KUO C W. Generalized finite difference method for solving two-dimensional non-linear obstacle problems [J]. Engineering Analysis with Boundary Elements, 2013, 37 (9): 1189-1196.

[10] FAN C M, HUANG Y K, LI P W, et al. Application of the Generalized Finite-Difference Method to Inverse Biharmonic Boundary-Value Problems [J]. Numerical Heat Transfer Part B Fundamentals, 2014, 65 (2): 129-154.

第 10 章　基于局部 RBF 的微分求积方法

微分求积方法（Differential Quadrature Method）[1]是从导数近似的观点来看，其本质是任何因变量的偏导数都可以近似为所有离散点上泛函值的加权线性和。而本章将介绍以局部化观点的局部微分求积法（Local RBFDQM）。

10.1　求解泊松方程

已知控制方程式（Poisson equation）为

$$\nabla^2 u(x,y)=b(x,y),(x,y)\in\Omega \tag{10-1}$$

假定边界条件为

$$u(x,y)=f(x,y),(x,y)\in\Gamma \tag{10-2}$$

计算域示意如图 10-1 所示。

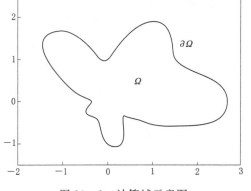

图 10-1　计算域示意图

10.1.1　方法 1 [1-3]

步骤一：数值结果需要满足两个条件：一个为边界条件；另一个为控制方程式。为了同时满足此两个边界条件，我们在边界选取 $n_b=5$ 个点并在内部选取 $n_i=4$ 个点，如图 10-2（a）所示。

步骤二：由边界点满足边界条件，内部点满足控制方程构造方程式。

（1）由 5 个边界点满足边界条件可以得到 5 条线性代数方程式：

$$(x,y)\to(x_1,y_1)\to u(x_1,y_1)=f(x_1,y_1)=f_1 \tag{10-3}$$

$$(x,y)\to(x_2,y_2)\to u(x_2,y_2)=f(x_2,y_2)=f_2 \tag{10-4}$$

$$(x,y)\to(x_3,y_3)\to u(x_3,y_3)=f(x_3,y_3)=f_3 \tag{10-5}$$

$$(x,y)\to(x_4,y_4)\to u(x_4,y_4)=f(x_4,y_4)=f_4 \tag{10-6}$$

$$(x,y)\to(x_5,y_5)\to u(x_5,y_5)=f(x_5,y_5)=f_5 \tag{10-7}$$

（2）由内部点满足控制方程式可以再得到不同的线性代数方程式，首先考虑第 7 点，找出最靠近第 7 点的 $n_s=5$ 个点，如图 10-2（b）所示。

最靠近第 7 点的五个点为 7，6，1，8，9。

根据 DQM 的想法，第 7 点的微分量可以由附近点的值作线性累加表示：

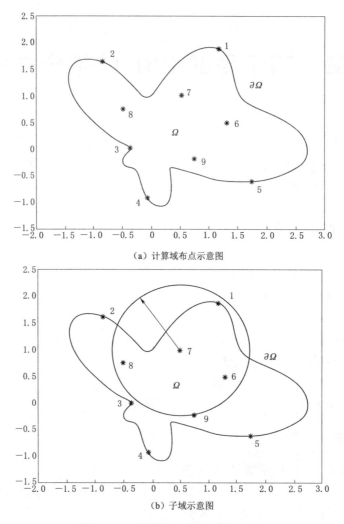

（a）计算域布点示意图

（b）子域示意图

图 10 - 2　计算域布点及子域示意图

$$\frac{\partial^2 v}{\partial x^2}\bigg|_{i=7} = \sum_{j=7,6,1,8,9} w_{7,j}^{xx} v(x_j, y_j) = \sum_{j=7,6,1,8,9} w_{7,j}^{xx} v_j \tag{10-8}$$

$$\frac{\partial^2 v}{\partial x^2}\bigg|_{i=7} = w_{7,7}^{xx} v_7 + w_{7,6}^{xx} v_6 + w_{7,1}^{xx} v_1 + w_{7,8}^{xx} v_8 + w_{7,9}^{xx} v_9 \tag{10-9}$$

　　上式中需要确定权重函数，则需要一组基函数。在 LRBFDQ 方法中，MQ 函数被用作基函数：

$$\phi_k(\vec{x}) = \sqrt{|\vec{x} - \vec{x}_k|^2 + c^2}, k = 7,6,1,8,9 \tag{10-10}$$

将每个 $\phi_k(\vec{x})$ 代入后可得

$$\frac{\partial^2 \phi_k(\vec{x}_i)}{\partial x^2} = \sum_{j=7,6,1,8,9} w_{i,j}^{xx} \phi_k(\vec{x}_j) \tag{10-11}$$

$$\frac{\partial^2 \phi_k(\vec{x}_7)}{\partial x^2} = \sum_{j=7,6,1,8,9} w_{7,j}^{xx} \phi_k(\vec{x}_j), k = 7,6,1,8,9 \qquad (10-12)$$

$$k=7 \quad \frac{\partial^2 \phi_7(\vec{x}_7)}{\partial x^2} = w_{7,7}^{xx} \phi_7(\vec{x}_7) + w_{7,6}^{xx} \phi_7(\vec{x}_6) +$$

$$w_{7,1}^{xx} \phi_7(\vec{x}_1) + w_{7,8}^{xx} \phi_7(\vec{x}_8) + w_{7,9}^{xx} \phi_7(\vec{x}_9) \qquad (10-13)$$

$$k=6 \quad \frac{\partial^2 \phi_6(\vec{x}_7)}{\partial x^2} = w_{7,7}^{xx} \phi_6(\vec{x}_7) + w_{7,6}^{xx} \phi_6(\vec{x}_6) +$$

$$w_{7,1}^{xx} \phi_6(\vec{x}_1) + w_{7,8}^{xx} \phi_6(\vec{x}_8) + w_{7,9}^{xx} \phi_6(\vec{x}_9) \qquad (10-14)$$

$$k=1 \quad \frac{\partial^2 \phi_1(\vec{x}_7)}{\partial x^2} = w_{7,7}^{xx} \phi_1(\vec{x}_7) + w_{7,6}^{xx} \phi_1(\vec{x}_6) +$$

$$w_{7,1}^{xx} \phi_1(\vec{x}_1) + w_{7,8}^{xx} \phi_1(\vec{x}_8) + w_{7,9}^{xx} \phi_1(\vec{x}_9) \qquad (10-15)$$

$$k=8 \quad \frac{\partial^2 \phi_8(\vec{x}_7)}{\partial x^2} = w_{7,7}^{xx} \phi_8(\vec{x}_7) + w_{7,6}^{xx} \phi_8(\vec{x}_6) +$$

$$w_{7,1}^{xx} \phi_8(\vec{x}_1) + w_{7,8}^{xx} \phi_8(\vec{x}_8) + w_{7,9}^{xx} \phi_8(\vec{x}_9) \qquad (10-16)$$

$$k=9 \quad \frac{\partial^2 \phi_9(\vec{x}_7)}{\partial x^2} = w_{7,7}^{xx} \phi_9(\vec{x}_7) + w_{7,6}^{xx} \phi_9(\vec{x}_6) +$$

$$w_{7,1}^{xx} \phi_9(\vec{x}_1) + w_{7,8}^{xx} \phi_9(\vec{x}_8) + w_{7,9}^{xx} \phi_9(\vec{x}_9) \qquad (10-17)$$

将这 5 条方程式整理可得

$$
\left\{
\begin{array}{c}
\dfrac{\partial^2 \phi_7(\vec{x}_7)}{\partial x^2} \\[2mm]
\dfrac{\partial^2 \phi_6(\vec{x}_7)}{\partial x^2} \\[2mm]
\dfrac{\partial^2 \phi_1(\vec{x}_7)}{\partial x^2} \\[2mm]
\dfrac{\partial^2 \phi_8(\vec{x}_7)}{\partial x^2} \\[2mm]
\dfrac{\partial^2 \phi_9(\vec{x}_7)}{\partial x^2}
\end{array}
\right\}
=
\begin{bmatrix}
\phi_7(\vec{x}_7) & \phi_7(\vec{x}_6) & \phi_7(\vec{x}_1) & \phi_7(\vec{x}_8) & \phi_7(\vec{x}_9) \\
\phi_6(\vec{x}_7) & \phi_6(\vec{x}_6) & \phi_6(\vec{x}_1) & \phi_6(\vec{x}_8) & \phi_6(\vec{x}_9) \\
\phi_1(\vec{x}_7) & \phi_1(\vec{x}_6) & \phi_1(\vec{x}_1) & \phi_1(\vec{x}_8) & \phi_1(\vec{x}_9) \\
\phi_8(\vec{x}_7) & \phi_8(\vec{x}_6) & \phi_8(\vec{x}_1) & \phi_8(\vec{x}_8) & \phi_8(\vec{x}_9) \\
\phi_9(\vec{x}_7) & \phi_9(\vec{x}_6) & \phi_9(\vec{x}_1) & \phi_9(\vec{x}_8) & \phi_9(\vec{x}_9)
\end{bmatrix}
\left\{
\begin{array}{c}
w_{7,7}^{xx} \\[1mm]
w_{7,6}^{xx} \\[1mm]
w_{7,1}^{xx} \\[1mm]
w_{7,8}^{xx} \\[1mm]
w_{7,9}^{xx}
\end{array}
\right\}
$$

$$\{\phi_{xx}\} = [\phi]\{w^{xx}\} \qquad (10-18)$$

$$\phi(\vec{x}) = \sqrt{|\vec{x} - \vec{x}_k|^2 + c^2} \qquad (10-19)$$

$[\phi] =$

$$
\begin{bmatrix}
\sqrt{|\vec{x}_7-\vec{x}_7|^2+c^2} & \sqrt{|\vec{x}_6-\vec{x}_7|^2+c^2} & \sqrt{|\vec{x}_1-\vec{x}_7|^2+c^2} & \sqrt{|\vec{x}_8-\vec{x}_7|^2+c^2} & \sqrt{|\vec{x}_9-\vec{x}_7|^2+c^2} \\
\sqrt{|\vec{x}_7-\vec{x}_6|^2+c^2} & \sqrt{|\vec{x}_6-\vec{x}_6|^2+c^2} & \sqrt{|\vec{x}_1-\vec{x}_6|^2+c^2} & \sqrt{|\vec{x}_8-\vec{x}_6|^2+c^2} & \sqrt{|\vec{x}_9-\vec{x}_6|^2+c^2} \\
\sqrt{|\vec{x}_7-\vec{x}_1|^2+c^2} & \sqrt{|\vec{x}_6-\vec{x}_1|^2+c^2} & \sqrt{|\vec{x}_1-\vec{x}_1|^2+c^2} & \sqrt{|\vec{x}_8-\vec{x}_1|^2+c^2} & \sqrt{|\vec{x}_9-\vec{x}_1|^2+c^2} \\
\sqrt{|\vec{x}_7-\vec{x}_8|^2+c^2} & \sqrt{|\vec{x}_6-\vec{x}_8|^2+c^2} & \sqrt{|\vec{x}_1-\vec{x}_8|^2+c^2} & \sqrt{|\vec{x}_8-\vec{x}_8|^2+c^2} & \sqrt{|\vec{x}_9-\vec{x}_8|^2+c^2} \\
\sqrt{|\vec{x}_7-\vec{x}_9|^2+c^2} & \sqrt{|\vec{x}_6-\vec{x}_9|^2+c^2} & \sqrt{|\vec{x}_1-\vec{x}_9|^2+c^2} & \sqrt{|\vec{x}_8-\vec{x}_9|^2+c^2} & \sqrt{|\vec{x}_9-\vec{x}_9|^2+c^2}
\end{bmatrix}
$$

$$\{\boldsymbol{\phi}_{xx}\}=\left\{\begin{array}{c}\dfrac{\partial^2\phi_7(\vec{x}_7)}{\partial x^2}\\[2mm]\dfrac{\partial^2\phi_6(\vec{x}_7)}{\partial x^2}\\[2mm]\dfrac{\partial^2\phi_1(\vec{x}_7)}{\partial x^2}\\[2mm]\dfrac{\partial^2\phi_8(\vec{x}_7)}{\partial x^2}\\[2mm]\dfrac{\partial^2\phi_9(\vec{x}_7)}{\partial x^2}\end{array}\right\}=\left\{\begin{array}{c}\dfrac{(y_7-y_7)^2+c^2}{(\,|\vec{x}_7-\overline{x}_7|^2+c^2\,)^{\frac{3}{2}}}\\[3mm]\dfrac{(y_7-y_6)^2+c^2}{(\,|\vec{x}_7-\overline{x}_6|^2+c^2\,)^{\frac{3}{2}}}\\[3mm]\dfrac{(y_7-y_1)^2+c^2}{(\,|\vec{x}_7-\overline{x}_1|^2+c^2\,)^{\frac{3}{2}}}\\[3mm]\dfrac{(y_7-y_8)^2+c^2}{(\,|\vec{x}_7-\overline{x}_8|^2+c^2\,)^{\frac{3}{2}}}\\[3mm]\dfrac{(y_7-y_9)^2+c^2}{(\,|\vec{x}_7-\overline{x}_9|^2+c^2\,)^{\frac{3}{2}}}\end{array}\right\}$$

$$\left\{\begin{array}{c}w_{7,7}^{xx}\\w_{7,6}^{xx}\\w_{7,1}^{xx}\\w_{7,8}^{xx}\\w_{7,9}^{xx}\end{array}\right\}=\{w^{xx}\}=[\boldsymbol{\phi}]^{-1}\{\boldsymbol{\phi}_{xx}\}$$

经由子区域内部点位置的计算可以得到第 7 点的权重函数，所以泊松方程式中的对 x 二次微分项可以表示为

$$\frac{\partial^2 u}{\partial x^2}=\sum_{j=7,6,1,8,9}w_{7,j}^{xx}u(x_j,y_j)=\sum_{j=7,6,1,8,9}w_{7,j}^{xx}u_j \qquad (10-20)$$

相同的方法可以求出 $\{w^{yy}\}$，即

$$\frac{\partial^2 u}{\partial y^2}=\sum_{j=7,6,1,8,9}w_{7,j}^{yy}u(x_j,y_j)=\sum_{j=7,6,1,8,9}w_{7,j}^{yy}u_j \qquad (10-21)$$

所以在第 7 点的控制方程式为

$$\left.\frac{\partial^2 u}{\partial x^2}\right|_{i=7}+\left.\frac{\partial^2 u}{\partial y^2}\right|_{i=7}=b_7 \qquad (10-22)$$

$$\sum_{j=7,6,1,8,9}w_{7,j}^{xx}u_j+\sum_{j=7,6,1,8,9}w_{7,j}^{yy}u_j=b_7 \qquad (10-23)$$

$$(w_{7,7}^{xx}+w_{7,7}^{yy})u_7+(w_{7,6}^{xx}+w_{7,6}^{yy})u_6+(w_{7,1}^{xx}+w_{7,1}^{yy})u_1+$$

$$(w_{7,8}^{xx}+w_{7,8}^{yy})u_8+(w_{7,9}^{xx}+w_{7,9}^{yy})u_9=b_7 \qquad (10-24)$$

$$e_7^7 u_7+e_6^7 u_6+e_1^7 u_1+e_8^7 u_8+e_9^7 u_9=b_7 \qquad (10-25)$$

依照相同方法，内部点（6，8，9）都可以形成一条方程式：

$$e_6^6 u_6+e_1^6 u_1+e_5^6 u_5+e_7^6 u_7+e_9^6 u_9=b_6 \qquad (10-26)$$

$$e_8^8 u_8+e_2^8 u_2+e_3^8 u_3+e_7^8 u_7+e_9^8 u_9=b_8 \qquad (10-27)$$

$$e_9^9 u_9+e_3^9 u_3+e_4^9 u_4+e_5^9 u_5+e_6^9 u_6=b_9 \qquad (10-28)$$

综上，将边界点形成的 5 条方程式与内部点形成的 4 条方程式整理，可以得到一组代数系统：

$$
\begin{bmatrix}
1 & 0 & 0 & 0 & 0 & 0 & 0 & 0 & 0 \\
0 & 1 & 0 & 0 & 0 & 0 & 0 & 0 & 0 \\
0 & 0 & 1 & 0 & 0 & 0 & 0 & 0 & 0 \\
0 & 0 & 0 & 1 & 0 & 0 & 0 & 0 & 0 \\
0 & 0 & 0 & 0 & 1 & 0 & 0 & 0 & 0 \\
e_1^6 & 0 & 0 & 0 & e_5^6 & e_6^6 & e_7^6 & 0 & e_9^6 \\
e_1^7 & 0 & 0 & 0 & 0 & e_6^7 & e_7^7 & e_8^7 & e_9^7 \\
0 & e_2^8 & e_3^8 & 0 & 0 & 0 & e_7^8 & e_8^8 & e_9^8 \\
0 & 0 & e_3^6 & e_4^6 & e_5^6 & e_6^6 & 0 & 0 & e_9^6
\end{bmatrix}
\begin{Bmatrix}
u_1 \\ u_2 \\ u_3 \\ u_4 \\ u_5 \\ u_6 \\ u_7 \\ u_8 \\ u_9
\end{Bmatrix}
=
\begin{Bmatrix}
f_1 \\ f_2 \\ f_3 \\ f_4 \\ f_5 \\ f_6 \\ f_7 \\ f_8 \\ f_9
\end{Bmatrix}
$$

步骤三：将上式左除 A 矩阵，就可以得到此问题的数值解：

$$
\{u\} = [A]^{-1}\{f\} \tag{10-29}
$$

注：此方法一开始所切入的观点与 LRBFCM 不同，但是系数矩阵却是相同的。
在 LRBFCM 中，

$$
\{u\} = [A]^{-1}\{f\} \tag{10-30}
$$

$$
\left.\frac{\partial^2 u}{\partial x^2}\right|_{i=7} = \sum_{j=7,6,1,8,9} \alpha_j \frac{\partial^2 \phi_{ij}}{\partial x^2} \tag{10-31}
$$

$$
\left.\frac{\partial^2 u}{\partial x^2}\right|_{i=7} = \begin{bmatrix} \dfrac{\partial^2 \phi_{77}}{\partial x^2} & \dfrac{\partial^2 \phi_{76}}{\partial x^2} & \dfrac{\partial^2 \phi_{71}}{\partial x^2} & \dfrac{\partial^2 \phi_{78}}{\partial x^2} & \dfrac{\partial^2 \phi_{79}}{\partial x^2} \end{bmatrix} \{\alpha\}
$$

$$
= \begin{bmatrix} \dfrac{\partial^2 \phi_{77}}{\partial x^2} & \dfrac{\partial^2 \phi_{76}}{\partial x^2} & \dfrac{\partial^2 \phi_{71}}{\partial x^2} & \dfrac{\partial^2 \phi_{78}}{\partial x^2} & \dfrac{\partial^2 \phi_{79}}{\partial x^2} \end{bmatrix}
\begin{bmatrix}
\phi_{77} & \phi_{76} & \phi_{71} & \phi_{78} & \phi_{79} \\
\phi_{67} & \phi_{66} & \phi_{61} & \phi_{68} & \phi_{69} \\
\phi_{17} & \phi_{16} & \phi_{11} & \phi_{18} & \phi_{19} \\
\phi_{87} & \phi_{86} & \phi_{81} & \phi_{88} & \phi_{89} \\
\phi_{97} & \phi_{96} & \phi_{91} & \phi_{98} & \phi_{99}
\end{bmatrix}^{-1}
\begin{Bmatrix}
u_7 \\ u_6 \\ u_1 \\ u_8 \\ u_9
\end{Bmatrix}
$$

$$
= w_7^{xx} u_7 + w_6^{xx} u_6 + w_1^{xx} u_1 + w_8^{xx} u_8 + w_9^{xx} u_9
$$

在 LRBFDQ 中：

$$
\left.\frac{\partial^2 u}{\partial x^2}\right|_{i=7} = \sum_{j=7,6,1,8,9} w_{7,j}^{xx} u(x_j, y_j) = \sum_{j=7,6,1,8,9} w_{7,j}^{xx} u_j \tag{10-32}
$$

$$
\left.\frac{\partial^2 u}{\partial x^2}\right|_{i=7} = \sum_{j=7,6,1,8,9} w_{7,j}^{xx} u_j = w_{7,7}^{xx} u_7 + w_{7,6}^{xx} u_6 + w_{7,1}^{xx} u_1 + w_{7,8}^{xx} u_8 + w_{7,9}^{xx} u_9
$$

$$
= \begin{bmatrix} u_7 & u_6 & u_1 & u_8 & u_9 \end{bmatrix}
\begin{Bmatrix}
w_{7,7}^{xx} \\
w_{7,6}^{xx} \\
w_{7,1}^{xx} \\
w_{7,8}^{xx} \\
w_{7,9}^{xx}
\end{Bmatrix}
$$

$$= \begin{bmatrix} u_7 & u_6 & u_1 & u_8 & u_9 \end{bmatrix} \begin{bmatrix} \phi_{77} & \phi_{67} & \phi_{17} & \phi_{87} & \phi_{97} \\ \phi_{76} & \phi_{66} & \phi_{16} & \phi_{86} & \phi_{96} \\ \phi_{71} & \phi_{61} & \phi_{11} & \phi_{81} & \phi_{91} \\ \phi_{78} & \phi_{68} & \phi_{18} & \phi_{88} & \phi_{98} \\ \phi_{79} & \phi_{69} & \phi_{19} & \phi_{89} & \phi_{99} \end{bmatrix}^{-1} \left\{ \begin{array}{c} \dfrac{\partial^2 \phi_{77}}{\partial x^2} \\[4pt] \dfrac{\partial^2 \phi_{76}}{\partial x^2} \\[4pt] \dfrac{\partial^2 \phi_{71}}{\partial x^2} \\[4pt] \dfrac{\partial^2 \phi_{78}}{\partial x^2} \\[4pt] \dfrac{\partial^2 \phi_{79}}{\partial x^2} \end{array} \right\}$$

$$= w_7^{xx} u_7 + w_6^{xx} u_6 + w_1^{xx} u_1 + w_8^{xx} u_8 + w_9^{xx} u_9$$

虽然表现形式不大相同，但是矩阵与向量乘开之后的权重系数是一样的，因此这两个方法到目前为止是一样的，只是在文献上都没有出现过详细讨论。

10.1.2　方法 2[4-7]

方法 2 的步骤一和步骤二的（1）步与方法 1 相同，在步骤二的（2）中构造满足控制方程的内部点的方程式方法如下。

已知在 RBFCM 中：

$$f(x,y) = \sum_{j=1}^{N} \alpha_j \sqrt{(x-x_j)^2 + (y-y_j)^2 + c^2} + \alpha_{N+1} \tag{10-33}$$

另外条件：

$$\sum_{j=1}^{N} \alpha_j = 0 \rightarrow \alpha_i = -\sum_{j=1,j\neq i}^{N} \alpha_j \tag{10-34}$$

$$f(x,y) = \sum_{j=1}^{N} \alpha_j g_j(x,y) + \alpha_{N+1} \tag{10-35}$$

$$g_j(x,y) = \sqrt{(x-x_j)^2 + (y-y_j)^2 + c^2} - \sqrt{(x-x_i)^2 + (y-y_i)^2 + c^2} \tag{10-36}$$

举例考虑内部点的第 7 点：

$$\frac{\partial^2 v}{\partial x^2}\bigg| = w_{7,7}^{xx} v_7 + w_{7,6}^{xx} v_6 + w_{7,1}^{xx} v_1 + w_{7,8}^{xx} v_8 + w_{7,9}^{xx} v_9 \tag{10-37}$$

$$g_j(x,y) = \sqrt{(x-x_j)^2 + (y-y_j)^2 + c^2} - \sqrt{(x-x_i)^2 + (y-y_i)^2 + c^2}, j=6,1,8,9 \tag{10-38}$$

$$0 = \sum_{j=7,6,1,8,9} w_{7,j}^{xx} = w_{7,7}^{xx} + w_{7,6}^{xx} + w_{7,1}^{xx} + w_{7,8}^{xx} + w_{7,9}^{xx} \tag{10-39}$$

$$\frac{\partial^2 g_k(\vec{x}_7)}{\partial x^2} = \sum_{j=7,6,1,8,9} w_{7,j}^{xx} g_k(\vec{x}_j), k=6,1,8,9 \tag{10-40}$$

$$\frac{\partial^2 g_6(\vec{x}_7)}{\partial x^2} = w_{7,7}^{xx} g_6(\vec{x}_7) + w_{7,6}^{xx} g_6(\vec{x}_6) + w_{7,1}^{xx} g_6(\vec{x}_1) +$$

$$w_{7,8}^{xx} g_6(\vec{x}_8) + w_{7,9}^{xx} g_6(\vec{x}_9) \tag{10-41}$$

$$\frac{\partial^2 g_1(\vec{x}_7)}{\partial x^2} = w_{7,7}^{xx} g_1(\vec{x}_7) + w_{7,6}^{xx} g_1(\vec{x}_6) + w_{7,1}^{xx} g_1(\vec{x}_1) +$$

$$w_{7,8}^{xx} g_1(\vec{x}_8) + w_{7,9}^{xx} g_1(\vec{x}_9) \tag{10-42}$$

$$\frac{\partial^2 g_8(\vec{x}_7)}{\partial x^2} = w_{7,7}^{xx} g_8(\vec{x}_7) + w_{7,6}^{xx} g_8(\vec{x}_6) + w_{7,1}^{xx} g_8(\vec{x}_1) +$$

$$w_{7,8}^{xx} g_8(\vec{x}_8) + w_{7,9}^{xx} g_8(\vec{x}_9) \tag{10-43}$$

$$\frac{\partial^2 g_9(\vec{x}_7)}{\partial x^2} = w_{7,7}^{xx} g_9(\vec{x}_7) + w_{7,6}^{xx} g_9(\vec{x}_6) + w_{7,1}^{xx} g_9(\vec{x}_1) +$$

$$w_{7,8}^{xx} g_9(\vec{x}_8) + w_{7,9}^{xx} g_9(\vec{x}_9) \tag{10-44}$$

$$\begin{Bmatrix} 0 \\ \dfrac{\partial^2 g_6(\vec{x}_7)}{\partial x^2} \\ \dfrac{\partial^2 g_1(\vec{x}_7)}{\partial x^2} \\ \dfrac{\partial^2 g_8(\vec{x}_7)}{\partial x^2} \\ \dfrac{\partial^2 g_9(\vec{x}_7)}{\partial x^2} \end{Bmatrix} = \begin{bmatrix} 1 & 1 & 1 & 1 & 1 \\ g_6(\vec{x}_7) & g_6(\vec{x}_6) & g_6(\vec{x}_1) & g_6(\vec{x}_8) & g_6(\vec{x}_9) \\ g_1(\vec{x}_7) & g_1(\vec{x}_6) & g_1(\vec{x}_1) & g_1(\vec{x}_8) & g_1(\vec{x}_9) \\ g_8(\vec{x}_7) & g_8(\vec{x}_6) & g_8(\vec{x}_1) & g_8(\vec{x}_8) & g_8(\vec{x}_9) \\ g_9(\vec{x}_7) & g_9(\vec{x}_6) & g_9(\vec{x}_1) & g_9(\vec{x}_8) & g_9(\vec{x}_9) \end{bmatrix} \begin{Bmatrix} w_{7,7}^{xx} \\ w_{7,6}^{xx} \\ w_{7,1}^{xx} \\ w_{7,8}^{xx} \\ w_{7,9}^{xx} \end{Bmatrix}$$

$$\begin{Bmatrix} w_{7,7}^{xx} \\ w_{7,6}^{xx} \\ w_{7,1}^{xx} \\ w_{7,8}^{xx} \\ w_{7,9}^{xx} \end{Bmatrix} = \begin{bmatrix} 1 & 1 & 1 & 1 & 1 \\ g_6(\vec{x}_7) & g_6(\vec{x}_6) & g_6(\vec{x}_1) & g_6(\vec{x}_8) & g_6(\vec{x}_9) \\ g_1(\vec{x}_7) & g_1(\vec{x}_6) & g_1(\vec{x}_1) & g_1(\vec{x}_8) & g_1(\vec{x}_9) \\ g_8(\vec{x}_7) & g_8(\vec{x}_6) & g_8(\vec{x}_1) & g_8(\vec{x}_8) & g_8(\vec{x}_9) \\ g_9(\vec{x}_7) & g_9(\vec{x}_6) & g_9(\vec{x}_1) & g_9(\vec{x}_8) & g_9(\vec{x}_9) \end{bmatrix}^{-1} \begin{Bmatrix} 0 \\ \dfrac{\partial^2 g_6(\vec{x}_7)}{\partial x^2} \\ \dfrac{\partial^2 g_1(\vec{x}_7)}{\partial x^2} \\ \dfrac{\partial^2 g_8(\vec{x}_7)}{\partial x^2} \\ \dfrac{\partial^2 g_9(\vec{x}_7)}{\partial x^2} \end{Bmatrix}$$

$$\left.\frac{\partial^2 u}{\partial x^2}\right|_{i=7} = \sum_{j=7,6,1,8,9} w_{7,j}^{xx} u(x_j, y_j) = \sum_{j=7,6,1,8,9} w_{7,j}^{xx} u_j \tag{10-45}$$

相同方法可以求出：

$$\left.\frac{\partial^2 u}{\partial y^2}\right|_{i=7} = \sum_{j=7,6,1,8,9} w_{7,j}^{yy} u(x_j, y_j) = \sum_{j=7,6,1,8,9} w_{7,j}^{yy} u_j \tag{10-46}$$

所以在第 7 点的控制方程为

$$\left.\frac{\partial^2 u}{\partial x^2}\right|_{i=7} + \left.\frac{\partial^2 u}{\partial y^2}\right|_{i=7} = b_7 \tag{10-47}$$

$$\sum_{j=7,6,1,8,9} w_{7,j}^{xx} u_j + \sum_{j=7,6,1,8,9} w_{7,j}^{yy} u_j = b_7 \tag{10-48}$$

$$(w_{7,7}^{xx}+w_{7,7}^{yy})u_7+(w_{7,6}^{xx}+w_{7,6}^{yy})u_6+(w_{7,1}^{xx}+w_{7,1}^{yy})u_1+$$

$$(w_{7,8}^{xx}+w_{7,8}^{yy})u_8+(w_{7,9}^{xx}+w_{7,9}^{yy})u_9=b_7 \tag{10-49}$$

$$e_7^7 u_7+e_6^7 u_6+e_1^7 u_1+e_8^7 u_8+e_9^7 u_9=b_7 \tag{10-50}$$

依照相同方法，内部点（6，8，9）都可以形成一条方程式：

$$e_6^6 u_6+e_1^6 u_1+e_5^6 u_5+e_7^6 u_7+e_9^6 u_9=b_6 \tag{10-51}$$

$$e_8^8 u_8+e_2^8 u_2+e_3^8 u_3+e_7^8 u_7+e_9^8 u_9=b_8 \tag{10-52}$$

$$e_9^9 u_9+e_3^9 u_3+e_4^9 u_4+e_5^9 u_5+e_6^9 u_6=b_9 \tag{10-53}$$

将边界点形成的 5 条方程式与内部点形成的 4 条方程式整理，可以得到一组代数系统：

$$\begin{bmatrix}
1 & 0 & 0 & 0 & 0 & 0 & 0 & 0 & 0 \\
0 & 1 & 0 & 0 & 0 & 0 & 0 & 0 & 0 \\
0 & 0 & 1 & 0 & 0 & 0 & 0 & 0 & 0 \\
0 & 0 & 0 & 1 & 0 & 0 & 0 & 0 & 0 \\
0 & 0 & 0 & 0 & 1 & 0 & 0 & 0 & 0 \\
e_1^6 & 0 & 0 & 0 & e_5^6 & e_6^6 & e_7^6 & 0 & e_9^6 \\
e_1^7 & 0 & 0 & 0 & 0 & e_6^7 & e_7^7 & e_8^7 & e_9^7 \\
0 & e_2^8 & e_3^8 & 0 & 0 & 0 & e_7^8 & e_8^8 & e_9^8 \\
0 & 0 & e_3^6 & e_4^6 & e_5^6 & e_6^6 & 0 & 0 & e_9^6
\end{bmatrix}
\begin{Bmatrix}
u_1 \\ u_2 \\ u_3 \\ u_4 \\ u_5 \\ u_6 \\ u_7 \\ u_8 \\ u_9
\end{Bmatrix}=
\begin{Bmatrix}
f_1 \\ f_2 \\ f_3 \\ f_4 \\ f_5 \\ f_6 \\ f_7 \\ f_8 \\ f_9
\end{Bmatrix}$$

步骤三：将上式左除 A 矩阵，就可以得到此问题的数值解：

$$\{u\}=[A]^{-1}\{f\} \tag{10-54}$$

10.2　求解对流扩散方程

已知控制方程式（Convection - diffusion equation）为

$$\nabla^2 u(x,y)+p(x,y)\frac{\partial u}{\partial x}+q(x,y)\frac{\partial u}{\partial y}=b(x,y),(x,y)\in\Omega \tag{10-55}$$

假定边界条件为

$$u(x,y)=f(x,y),(x,y)\in\Gamma \tag{10-56}$$

步骤一：在边界选取 $n_b=5$ 个点并在内部选取 $n_s=4$ 个点，如图 10-3 所示。

步骤二：由边界点满足边界条件，内部点满足控制方程构造方程式。

（1）由 5 个边界点满足边界条件可以得到 5 条线性代数方程式：

$$(x,y)\rightarrow(x_1,y_1)\rightarrow u(x_1,y_1)=f(x_1,y_1)=f_1 \tag{10-57}$$

$$(x,y)\rightarrow(x_2,y_2)\rightarrow u(x_2,y_2)=f(x_2,y_2)=f_2 \tag{10-58}$$

$$(x,y)\rightarrow(x_3,y_3)\rightarrow u(x_3,y_3)=f(x_3,y_3)=f_3 \tag{10-59}$$

$$(x,y)\rightarrow(x_4,y_4)\rightarrow u(x_4,y_4)=f(x_4,y_4)=f_4 \tag{10-60}$$

$$(x,y)\rightarrow(x_5,y_5)\rightarrow u(x_5,y_5)=f(x_5,y_5)=f_5 \tag{10-61}$$

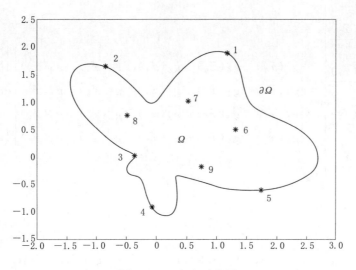

图 10 - 3 布点示意图

（2）由内部点满足控制方程式可以再得到不同的线性代数方程式，首先考虑第 7 点，找出最靠近第 7 点的 $n_s = 5$ 个点。

$$\frac{\partial^2 v}{\partial x^2}\Bigg| = w_{7,7}^{xx}v_7 + w_{7,6}^{xx}v_6 + w_{7,1}^{xx}v_1 + w_{7,8}^{xx}v_8 + w_{7,9}^{xx}v_9 \qquad (10-62)$$

$$g_j(x,y) = \sqrt{(x-x_j)^2+(y-y_j)^2+c^2} - \sqrt{(x-x_i)^2+(y-yi)^2+c^2}, j=6,1,8,9 \qquad (10-63)$$

$$0 = \sum_{j=7,6,1,8,9} w_{7,j}^{xx} = w_{7,7}^{xx} + w_{7,6}^{xx} + w_{7,1}^{xx} + w_{7,8}^{xx} + w_{7,9}^{xx} \qquad (10-64)$$

$$\frac{\partial^2 g_k(\vec{x}_7)}{\partial x^2} = \sum_{j=7,6,1,8,9} w_{7,j}^{xx} g_k(\vec{x}_j) \quad k=6,1,8,9 \qquad (10-65)$$

$$\frac{\partial^2 g_6(\vec{x}_7)}{\partial x^2} = w_{7,7}^{xx}g_6(\vec{x}_7) + w_{7,6}^{xx}g_6(\vec{x}_6) + w_{7,1}^{xx}g_6(\vec{x}_1) +$$
$$w_{7,8}^{xx}g_6(\vec{x}_8) + w_{7,9}^{xx}g_6(\vec{x}_9) \qquad (10-66)$$

$$\frac{\partial^2 g_1(\vec{x}_7)}{\partial x^2} = w_{7,7}^{xx}g_1(\vec{x}_7) + w_{7,6}^{xx}g_1(\vec{x}_6) + w_{7,1}^{xx}g_1(\vec{x}_1) +$$
$$w_{7,8}^{xx}g_1(\vec{x}_8) + w_{7,9}^{xx}g_1(\vec{x}_9) \qquad (10-67)$$

$$\frac{\partial^2 g_8(\vec{x}_7)}{\partial x^2} = w_{7,7}^{xx}g_8(\vec{x}_7) + w_{7,6}^{xx}g_8(\vec{x}_6) + w_{7,1}^{xx}g_8(\vec{x}_1) +$$
$$w_{7,8}^{xx}g_8(\vec{x}_8) + w_{7,9}^{xx}g_8(\vec{x}_9) \qquad (10-68)$$

$$\frac{\partial^2 g_9(\vec{x}_7)}{\partial x^2} = w_{7,7}^{xx}g_9(\vec{x}_7) + w_{7,6}^{xx}g_9(\vec{x}_6) +$$
$$w_{7,1}^{xx}g_9(\vec{x}_1) + w_{7,8}^{xx}g_9(\vec{x}_8) + w_{7,9}^{xx}g_9(\vec{x}_9) \qquad (10-69)$$

$$
\left\{
\begin{array}{c}
0 \\[4pt]
\dfrac{\partial^2 g_6(\vec{x}_7)}{\partial x^2} \\[8pt]
\dfrac{\partial^2 g_1(\vec{x}_7)}{\partial x^2} \\[8pt]
\dfrac{\partial^2 g_8(\vec{x}_7)}{\partial x^2} \\[8pt]
\dfrac{\partial^2 g_9(\vec{x}_7)}{\partial x^2}
\end{array}
\right\}
=
\begin{bmatrix}
1 & 1 & 1 & 1 & 1 \\
g_6(\vec{x}_7) & g_6(\vec{x}_6) & g_6(\vec{x}_1) & g_6(\vec{x}_8) & g_6(\vec{x}_9) \\
g_1(\vec{x}_7) & g_1(\vec{x}_6) & g_1(\vec{x}_1) & g_1(\vec{x}_8) & g_1(\vec{x}_9) \\
g_8(\vec{x}_7) & g_8(\vec{x}_6) & g_8(\vec{x}_1) & g_8(\vec{x}_8) & g_8(\vec{x}_9) \\
g_9(\vec{x}_7) & g_9(\vec{x}_6) & g_9(\vec{x}_1) & g_9(\vec{x}_8) & g_9(\vec{x}_9)
\end{bmatrix}
\left\{
\begin{array}{c}
w_{7,7}^{xx} \\ w_{7,6}^{xx} \\ w_{7,1}^{xx} \\ w_{7,8}^{xx} \\ w_{7,9}^{xx}
\end{array}
\right\}
$$

$$
\left\{
\begin{array}{c}
w_{7,7}^{xx} \\ w_{7,6}^{xx} \\ w_{7,1}^{xx} \\ w_{7,8}^{xx} \\ w_{7,9}^{xx}
\end{array}
\right\}
=
\begin{bmatrix}
1 & 1 & 1 & 1 & 1 \\
g_6(\vec{x}_7) & g_6(\vec{x}_6) & g_6(\vec{x}_1) & g_6(\vec{x}_8) & g_6(\vec{x}_9) \\
g_1(\vec{x}_7) & g_1(\vec{x}_6) & g_1(\vec{x}_1) & g_1(\vec{x}_8) & g_1(\vec{x}_9) \\
g_8(\vec{x}_7) & g_8(\vec{x}_6) & g_8(\vec{x}_1) & g_8(\vec{x}_8) & g_8(\vec{x}_9) \\
g_9(\vec{x}_7) & g_9(\vec{x}_6) & g_9(\vec{x}_1) & g_9(\vec{x}_8) & g_9(\vec{x}_9)
\end{bmatrix}^{-1}
\left\{
\begin{array}{c}
0 \\[4pt]
\dfrac{\partial^2 g_6(\vec{x}_7)}{\partial x^2} \\[8pt]
\dfrac{\partial^2 g_1(\vec{x}_7)}{\partial x^2} \\[8pt]
\dfrac{\partial^2 g_8(\vec{x}_7)}{\partial x^2} \\[8pt]
\dfrac{\partial^2 g_9(\vec{x}_7)}{\partial x^2}
\end{array}
\right\}
$$

$$
\left.\frac{\partial^2 u}{\partial x^2}\right|_{i=7} = \sum_{j=7,6,1,8,9} w_{7,j}^{xx} u(x_j,y_j) = \sum_{j=7,6,1,8,9} w_{7,j}^{xx} u_j \tag{10-70}
$$

相同的方法可以求出 $\{w^{xx}\}\{w^x\}\{w^y\}$，即

$$
\left.\frac{\partial u}{\partial x}\right|_{i=7} = \sum_{j=7,6,1,8,9} w_{7,j}^{x} u(x_j,y_j) = \sum_{j=7,6,1,8,9} w_{7,j}^{x} u_j \tag{10-71}
$$

$$
\left.\frac{\partial u}{\partial y}\right|_{i=7} = \sum_{j=7,6,1,8,9} w_{7,j}^{y} u(x_j,y_j) = \sum_{j=7,6,1,8,9} w_{7,j}^{y} u_j \tag{10-72}
$$

所以在第 7 点的控制方程式为

$$
\left.\frac{\partial^2 u}{\partial x^2}\right|_{i=7} + \left.\frac{\partial^2 u}{\partial y^2}\right|_{i=7} + p_7 \left.\frac{\partial u}{\partial x}\right|_{i=7} + q_7 \left.\frac{\partial u}{\partial y}\right|_{i=7} = b_7 \tag{10-73}
$$

$$
\sum_{j=7,6,1,8,9} w_{7,j}^{xx} u_j + \sum_{j=7,6,1,8,9} w_{7,j}^{yy} u_j + p_7 \sum_{j=7,6,1,8,9} w_{7,j}^{x} u_j + q_7 \sum_{j=7,6,1,8,9} w_{7,j}^{y} u_j = b_7
$$
$$\tag{10-74}$$

$$
(w_{7,7}^{xx}+w_{7,7}^{yy}+p_7 w_{7,7}^{x}+q_7 w_{7,7}^{y})u_7 + (w_{7,6}^{xx}+w_{7,6}^{yy}+p_7 w_{7,6}^{x}+q_7 w_{7,6}^{y})u_6 +
$$
$$
(w_{7,1}^{xx}+w_{7,1}^{yy}+p_7 w_{7,1}^{x}+q_7 w_{7,1}^{y})u_1 + (w_{7,8}^{xx}+w_{7,8}^{yy}+p_7 w_{7,8}^{x}+q_7 w_{7,8}^{y})u_8 +
$$
$$
(w_{7,9}^{xx}+w_{7,9}^{yy}+p_7 w_{7,9}^{x}+q_7 w_{7,9}^{y})u_9 = b_7 \tag{10-75}
$$

$$
e_7^7 u_7 + e_6^7 u_6 + e_1^7 u_1 + e_8^7 u_8 + e_9^7 u_9 = b_7 \tag{10-76}
$$

依照相同方法，内部点（6,8，9）都可以形成一条方程式：

$$
e_6^6 u_6 + e_1^6 u_1 + e_5^6 u_5 + e_7^6 u_7 + e_9^6 u_9 = b_6 \tag{10-77}
$$

$$e_8^8 u_8 + e_2^8 u_2 + e_3^8 u_3 + e_7^8 u_7 + e_9^8 u_9 = b_8 \qquad (10-78)$$

$$e_9^9 u_9 + e_3^9 u_3 + e_4^9 u_4 + e_5^9 u_5 + e_6^9 u_6 = b_9 \qquad (10-79)$$

将边界点形成的 5 条方程式与内部点形成的 4 条方程式整理，可以得到一组代数系统：

$$
\begin{bmatrix}
1 & 0 & 0 & 0 & 0 & 0 & 0 & 0 & 0 \\
0 & 1 & 0 & 0 & 0 & 0 & 0 & 0 & 0 \\
0 & 0 & 1 & 0 & 0 & 0 & 0 & 0 & 0 \\
0 & 0 & 0 & 1 & 0 & 0 & 0 & 0 & 0 \\
0 & 0 & 0 & 0 & 1 & 0 & 0 & 0 & 0 \\
e_1^6 & 0 & 0 & 0 & e_5^6 & e_6^6 & e_7^6 & 0 & e_9^6 \\
e_1^7 & 0 & 0 & 0 & 0 & e_6^7 & e_7^7 & e_8^7 & e_9^7 \\
0 & e_2^8 & e_3^8 & 0 & 0 & 0 & e_7^8 & e_8^8 & e_9^8 \\
0 & 0 & e_3^6 & e_4^6 & e_5^6 & e_6^6 & 0 & 0 & e_9^6
\end{bmatrix}
\begin{Bmatrix}
u_1 \\ u_2 \\ u_3 \\ u_4 \\ u_5 \\ u_6 \\ u_7 \\ u_8 \\ u_9
\end{Bmatrix}
=
\begin{Bmatrix}
f_1 \\ f_2 \\ f_3 \\ f_4 \\ f_5 \\ f_6 \\ f_7 \\ f_8 \\ f_9
\end{Bmatrix}
$$

步骤三：将上式左除 A 矩阵，就可以得到此问题的数值解：

$$\{u\} = [A]^{-1}\{f\} \qquad (10-80)$$

读者可阅读参考文献［2］至文献［7］，以对本章有更为深刻的理解。

10.3 参考习题

10-1. 使用 LRBFDQ 法（Method 2）求解下面偏微分方程：

$$\frac{\partial^2 u}{\partial x^2} + 2\frac{\partial^2 u}{\partial y^2} + \frac{\partial^2 u}{\partial x \partial y} + \frac{\partial u}{\partial x} - \frac{\partial u}{\partial y} = 0$$

边界条件（Dirichlet BC，first kind BC）：

$$u(x,y) = f(x,y), (x,y) \in \partial\Omega$$

计算域：

$$\Omega \in \{(x,y) \mid x = \rho\cos\theta, y = \rho\sin\theta, 0 \leqslant \theta \leqslant 2\pi\}$$

$$\rho = e^{\sin\theta}\sin^2 2\theta + e^{\cos\theta}\cos^2 2\theta$$

解析解：

$$u = e^x \cos y$$

参 考 文 献

［1］ DING H, SHU C, TANG D B. Error estimates of local multiquadric - based differential quadrature (LMQDQ) method through numerical experiments ［J］. International Journal for Numerical Methods in Engineering, 2010, 63 (11)：1513-1529.

［2］ SHU C, DING H, CHEN H Q, et al. An upwind local RBF - DQ method for simulation of inviscid compressible flows ［J］. Computer Methods in Applied Mechanics and Engineering, 2005. 194, 2001-2017.

［3］ SHAN Y Y, SHU C, LU Z L. Application of Local MQ - DQ Method to Solve 3D Incompressible

Viscous Flows with Curved Boundary [J]. Journal of the American Dental Association，2008，25 (2)：99 - 113.

[4]　SHU C，DING H，Yeo K S. Local radial basis function - based differential quadrature method and its application to solve two - dimensional incompressible Navier - Stokes equations [J]. Computer Methods in Applied Mechanics and Engineering，2003，192 (7/8)：941 - 954.

[5]　DING H，SHU C，YEO K S，et al. Simulation of natural convection in eccentric annuli between a souare outer cylinder and a circular inner cylinder using local MQ - DQmethod [J]. Numerical Heat Transfer，2005，47 (3)：291 - 313.

[6]　SHU C，DING H，YEO K S. Computation of incompressible Navier - Stokes equations by local RBF - based differential quadrature method [J]. Computer Modeling in Engineering & ences，2005，7 (2)：195 - 205.

[7]　WU W X，SHU C，WANG C M. Vibration analysis of arbitrarily shaped membranes using local radial basis function - based differential quadrature method [J]. Journal of Sound & Vibration，2007，306 (1 - 2)：252 - 270.

第11章　移动最小二乘微分求积法

移动最小二乘微分求积法（Moving Least Squares Differential Quadrature Method，MLSDQM）是一种直接将微分方程离散的方法，它是将未知函数的各阶偏导数在离散点处的值用域内各配点的函数值加权组合来表示，权系数则直接用移动最小二乘 Galerkin 法中的形函数求导得到，通过 MLDQM 技术将方程和相应的边界条件转化成为一组关于各配点位势的线性代数方程组，求解这组代数方程，可得到各配点的位势。移动最小二乘微分求积法（MLDQM）的主要优点是能够处理不连续板问题和不规则板问题。该方法可用于解决振动、屈曲等工程问题。

11.1　求解泊松方程

已知控制方程（Poisson equation）为

$$\nabla^2 u(x,y) = \frac{\partial^2 u}{\partial x^2} + \frac{\partial^2 u}{\partial y^2} = b(x,y), (x,y) \in \Omega \tag{11-1}$$

假定边界条件：

$$u(x,y) = f(x,y), (x,y) \in \Gamma \tag{11-2}$$

在计算域内选择 $n = n_i + n_b$ 个点，包含边界上 n_b 个点以及计算域内 n_i 个点，如图 11-1 所示。接着寻找符合边界条件与控制方程式的数值结果。

步骤一：首先在边界点上使其满足边界条件：

$$u(x,y) = f(x,y), (x,y) \in \Gamma \tag{11-3}$$

第 1 点（$i=1$）：

$$(x,y) = (x_1, y_1) \to u_1 = f_1 \tag{11-4}$$

第 2 点（$i=2$）：

$$(x,y) = (x_2, y_2) \to u_2 = f_2 \tag{11-5}$$

第 3 点（$i=3$）：

$$(x,y) = (x_3, y_3) \to u_3 = f_3 \tag{11-6}$$

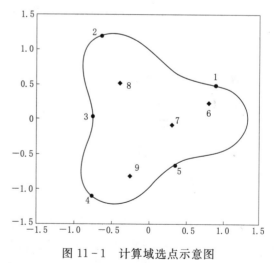

图 11-1　计算域选点示意图

第 4 点（$i=4$）：

$$(x,y)=(x_4,y_4) \rightarrow u_4 = f_4 \qquad (11-7)$$

第 5 点（$i=5$）：

$$(x,y)=(x_5,y_5) \rightarrow u_5 = f_5 \qquad (11-8)$$

步骤二：考虑内部点，先考虑第 7 个点，搜寻最接近第 7 点的 n_s 个点，此一圆形区域称之局部支持域（local supporting domain），如图 11-2 所示。

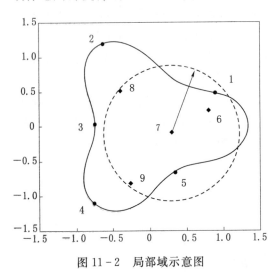

图 11-2　局部域示意图

最接近第 7 点的点为 7，1，5，6，8，9。

因此第 7 点的二阶微分量可以此 6 个点的值作线性累加表示：

$$\left. \frac{\partial^2 u}{\partial x^2} \right|_{i=7} = \sum_{j=7,1,5,6,8,9} c_{ij}^{xx} u_j$$
$$= c_{77}^{xx} u_7 + c_{71}^{xx} u_1 + c_{75}^{xx} u_5 + c_{76}^{xx} u_6$$
$$+ c_{78}^{xx} u_8 + c_{79}^{xx} u_9 \qquad (11-9)$$

至于权重系数（c_{77}^{xx}，c_{71}^{xx}，c_{75}^{xx}，c_{76}^{xx}，c_{78}^{xx}，c_{79}^{xx}）的部分，此 MLSDQM 使用移动最小二乘法（Moving least squares method）推导。

运用移动最小二乘法（Moving least squares method）将子区域内的解以多项式展开来表示：

$$u(x,y) = \sum_{j=1}^{6} a_j p_j(x,y) \qquad (11-10)$$

其中：

$$p_j(x,y) = 1, x, y, x^2, xy, y^2 \qquad (11-11)$$

整理得：

$$u(x,y) = a_1 + a_2 x + a_3 y + a_4 x^2 + a_5 y^2 + a_6 xy \qquad (11-12)$$

步骤三：定义一个函数 $\Pi(\vec{a})$。

$$\Pi(\vec{a}) = \sum_{j=7,1,5,6,8,9} w_7(x_j,y_j) \left\{ \left[\sum_{k=1}^{6} a_k p_k(x_j,y_j) - u(x_j,y_j) \right] \right\}^2 \qquad (11-13)$$

$$\Pi(\vec{a}) = \sum_{j=7,1,5,6,8,9} w_{7j} \left\{ \left[\sum_{k=1}^{6} a_k p_{kj} - u_j \right] \right\}^2 \qquad (11-14)$$

其中 $w_7(x_j, y_j)$ 是权重函数（weighting function）。

$$w_i(x_j,y_j) = \begin{cases} \dfrac{\exp\left[-\left(\dfrac{d_i}{c}\right)^2\right] - \exp\left[-\left(\dfrac{r}{c}\right)^2\right]}{1 - \exp\left[-\left(\dfrac{r}{c}\right)^2\right]}, & d_i \leqslant r \\ \\ 0, & d_i > r \end{cases} \qquad (11-15)$$

$$d_i = \sqrt{(x-x_i)^2 + (y-y_i)^2} \qquad (11-16)$$

式中：r 为局部支持域半径（the radius of supporting domain）；c 为扩张参数（the dilation parameter）。

步骤四：求出 $\Pi(\vec{a})$ 极值，所以将其对 $\{a\}$ 个别微分。

$$\frac{\partial \Pi}{\partial a_1} = 0 \qquad (11-17)$$

$$\frac{\partial \Pi}{\partial a_1} = \left\{ 2 \sum_{i=7,1,5,6,8,9} w_{7j} \left[\left(\sum_{k=1}^{6} a_k p_{kj} \right) - u_j \right] p_{1j} \right\} = 0 \qquad (11-18)$$

$$\frac{\partial \Pi}{\partial a_2} = 0 \qquad (11-19)$$

$$\frac{\partial \Pi}{\partial a_2} = \left\{ 2 \sum_{i=7,1,5,6,8,9} w_{7j} \left[\left(\sum_{k=1}^{6} a_k p_{kj} \right) - u_j \right] p_{2j} \right\} = 0 \qquad (11-20)$$

$$\frac{\partial \Pi}{\partial a_2} = 0, \frac{\partial \Pi}{\partial a_3} = 0, \cdots \qquad (11-21)$$

步骤五：将微分得到的 6 条方程式作整理可得

$$[A]\{a\} = [B]\{u\} \qquad (11-22)$$

$$\{a\} = [A]^{-1}[B]\{u\} = [C]\{u\} \qquad (11-23)$$

将系数以个点的函数值表示 $\begin{Bmatrix} a_1 \\ a_2 \\ a_3 \\ a_4 \\ a_5 \\ a_6 \end{Bmatrix} = [C] \begin{Bmatrix} u_7 \\ u_1 \\ u_5 \\ u_6 \\ u_8 \\ u_9 \end{Bmatrix}$

$$u(x,y) = \sum_{j=1}^{6} a_j p_j(x,y) \qquad (11-24)$$

$$\frac{\partial^2 u}{\partial x^2} = \sum_{j=1}^{6} a_j \frac{\partial^2 p_j(x_7,y_7)}{\partial x^2} \qquad (11-25)$$

$$\left. \frac{\partial^2 u}{\partial x^2} \right|_{\vec{x}=\vec{x}_7} = \sum_{j=1}^{6} a_j \frac{\partial^2 p_j(x_7,y_7)}{\partial x^2} \qquad (11-26)$$

$$\left. \frac{\partial^2 u}{\partial x^2} \right|_{\vec{x}=\vec{x}_7} = a_1 \frac{\partial^2 p_1(x_7,y_7)}{\partial x^2} + a_2 \frac{\partial^2 p_2(x_7,y_7)}{\partial x^2} + \cdots + a_6 \frac{\partial^2 p_6(x_7,y_7)}{\partial x^2}$$

$$(11-27)$$

$$\left. \frac{\partial^2 u}{\partial x^2} \right|_{\vec{x}=\vec{x}_7} = \begin{bmatrix} p_{17}^{xx} & p_{27}^{xx} & p_{37}^{xx} & p_{47}^{xx} & p_{57}^{xx} & p_{67}^{xx} \end{bmatrix} \begin{Bmatrix} a_1 \\ a_2 \\ a_3 \\ a_4 \\ a_5 \\ a_6 \end{Bmatrix}$$

$$\frac{\partial^2 u}{\partial x^2}\bigg|_{\vec{x}=\vec{x}_7} = \begin{bmatrix} p_{17}^{xx} & p_{27}^{xx} & p_{37}^{xx} & p_{47}^{xx} & p_{57}^{xx} & p_{67}^{xx} \end{bmatrix}[C]\begin{Bmatrix} a_1 \\ a_2 \\ a_3 \\ a_4 \\ a_5 \\ a_6 \end{Bmatrix}$$

$$\frac{\partial^2 u}{\partial x^2}\bigg|_{\vec{x}=\vec{x}_7} = e_{77}^{xx}u_7 + e_{71}^{xx}u_1 + e_{75}^{xx}u_5 + e_{76}^{xx}u_6 + e_{78}^{xx}u_8 + e_{79}^{xx}u_9$$

$$\frac{\partial^2 u}{\partial y^2}\bigg|_{\vec{x}=\vec{x}_7} = e_{77}^{yy}u_7 + e_{71}^{yy}u_1 + e_{75}^{yy}u_5 + e_{76}^{yy}u_6 + e_{78}^{yy}u_8 + e_{79}^{yy}u_9$$

步骤六： 将找出的表示式代入控制方程式中。

$$\frac{\partial^2 u}{\partial x^2}\bigg|_{\vec{x}=\vec{x}_7} + \frac{\partial^2 u}{\partial y^2}\bigg|_{\vec{x}=\vec{x}_7} = b(x_7, y_7) \tag{11-28}$$

$$(e_{77}^{xx}+e_{77}^{yy})u_7 + (e_{71}^{xx}+e_{71}^{yy})u_1 + (e_{75}^{xx}+e_{75}^{yy})u_5 + (e_{76}^{xx}+e_{76}^{yy})u_6 +$$
$$(e_{78}^{xx}+e_{78}^{yy})u_8 + (e_{79}^{xx}+e_{79}^{yy})u_9 = b_7 \tag{11-29}$$

$$q_{77}u_7 + q_{71}u_1 + q_{75}u_5 + q_{76}u_6 + q_{78}u_8 + q_{79}u_9 = b_7 \tag{11-30}$$

其余内点可以此类推：

第 8 点 $i=8\rightarrow 8\ 2\ 3\ 4\ 7\ 9$

$$q_{88}u_8 + q_{82}u_2 + q_{83}u_3 + q_{84}u_4 + q_{87}u_7 + q_{89}u_9 = b_8 \tag{11-31}$$

第 9 点 $i=9\rightarrow 9\ 3\ 4\ 5\ 6\ 7$

$$q_{99}u_9 + q_{93}u_3 + q_{94}u_4 + q_{95}u_5 + q_{96}u_6 + q_{97}u_7 = b_9 \tag{11-32}$$

步骤七： 将边界点与内部点所形成的代数方程式组合可得

$$[A]\{u\} = \{b\} \tag{11-33}$$

$$\{u\} = \begin{Bmatrix} u_1 \\ u_2 \\ u_3 \\ u_4 \\ u_5 \\ u_6 \\ u_7 \\ u_8 \\ u_9 \end{Bmatrix} \quad \{b\} = \begin{Bmatrix} f_1 \\ f_2 \\ f_3 \\ f_4 \\ f_5 \\ f_6 \\ f_7 \\ f_8 \\ f_9 \end{Bmatrix} \quad [A] = \begin{bmatrix} 1 & 0 & 0 & 0 & 0 & 0 & 0 & 0 & 0 \\ 0 & 1 & 0 & 0 & 0 & 0 & 0 & 0 & 0 \\ 0 & 0 & 1 & 0 & 0 & 0 & 0 & 0 & 0 \\ 0 & 0 & 0 & 1 & 0 & 0 & 0 & 0 & 0 \\ 0 & 0 & 0 & 0 & 1 & 0 & 0 & 0 & 0 \\ q_{61} & 0 & 0 & 0 & q_{65} & q_{66} & q_{67} & q_{68} & q_{69} \\ q_{71} & 0 & 0 & 0 & q_{75} & q_{76} & q_{77} & q_{78} & q_{79} \\ 0 & q_{82} & q_{83} & q_{84} & 0 & 0 & q_{87} & q_{88} & q_{89} \\ 0 & 0 & q_{93} & q_{94} & q_{95} & q_{96} & q_{97} & 0 & q_{99} \end{bmatrix}$$

$$\{u\} = [A]^{-1}\{b\} \tag{11-34}$$

11.2　求解对流-扩散方程

已知控制方程（convection-diffusion equation）为

$$\nabla^2 u(x,y) + p(x,y)\frac{\partial u}{\partial x} + q(x,y)\frac{\partial u}{\partial y} = b(x,y), (x,y) \in \Omega \tag{11-35}$$

假定边界条件:

$$u(x,y) = f(x,y), (x,y) \in \Gamma \tag{11-36}$$

步骤一:首先在边界点上使其满足边界条件,如图 11-3 所示:

$$u(x,y) = f(x,y), (x,y) \in \Gamma \tag{11-37}$$

第 1 点 ($i=1$):

$$(x,y) = (x_1,y_1) \rightarrow u_1 = f_1 \tag{11-38}$$

第 2 点 ($i=2$):

$$(x,y) = (x_2,y_2) \rightarrow u_2 = f_2 \tag{11-39}$$

第 3 点 ($i=3$):

$$(x,y) = (x_3,y_3) \rightarrow u_3 = f_3 \tag{11-40}$$

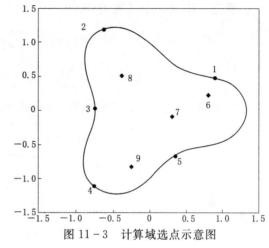

图 11-3 计算域选点示意图

第 4 点 ($i=4$):

$$(x,y) = (x_4,y_4) \rightarrow u_4 = f_4 \tag{11-41}$$

第 5 点 ($i=5$):

$$(x,y) = (x_5,y_5) \rightarrow u_5 = f_5 \tag{11-42}$$

步骤二:考虑内部点,先考虑第 7 个点,如图 11-4 所示。

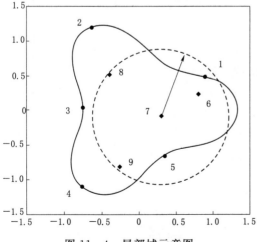

图 11-4 局部域示意图

第 7 点 ($i=7$) 局部域内点号:7 1 5 6 8 9

$$\begin{aligned}
\left.\frac{\partial^2 u}{\partial x^2}\right|_{i=7} &= \sum_{j=7,1,5,6,8,9} c_{ij}^{xx} u_j \\
&= c_{77}^{xx} u_7 + c_{71}^{xx} u_1 + c_{75}^{xx} u_5 + c_{76}^{xx} u_6 \\
&\quad + c_{78}^{xx} u_8 + c_{79}^{xx} u_9
\end{aligned} \tag{11-43}$$

运用移动最小二乘法(Moving least squares method)将子区域内的解以多项式展开来表示:

$$u(x,y) = \sum_{j=1}^{6} a_j p_j(x,y)$$

$$\tag{11-44}$$

其中：

$$p_j(x,y)=1,x,y,x^2,xy,y^2 \tag{11-45}$$

整理得：

$$u(x,y)=a_1+a_2x+a_3y+a_4x^2+a_5y^2+a_6xy \tag{11-46}$$

步骤三：定义一个函数 $\Pi(\vec{a})$

$$\Pi(\vec{a})=\sum_{j=7,1,5,6,8,9}w_7(x_j,y_j)\left\{\left[\sum_{k=1}^{6}a_kp_k(x_j,y_j)-u(x_j,y_j)\right]\right\}^2 \tag{11-47}$$

$$\Pi(\vec{a})=\sum_{j=7,1,5,6,8,9}w_{7j}\left[\left(\sum_{k=1}^{6}a_kp_{kj}-u_j\right)\right]^2 \tag{11-48}$$

其中 $w_7(x_j,\ y_j)$ 是权重函数 （weighting function）

$$w_i(x_j,y_j)=\begin{cases}\dfrac{\exp\left[-\left(\dfrac{d_i}{c}\right)^2\right]-\exp\left[-\left(\dfrac{r}{c}\right)^2\right]}{1-\exp\left[-\left(\dfrac{r}{c}\right)^2\right]}, & d_i\leqslant r\\[2em] 0, & d_i>r\end{cases} \tag{11-49}$$

$$d_i=\sqrt{(x-x_i)^2+(y-y_i)^2} \tag{11-50}$$

式中：r 为局部支持域半径 （the radius of supporting domain）；c 为扩张参数 （the dilation parameter）。

步骤四：求出 $\Pi(\vec{a})$ 极值，所以将其对 $\{a\}$ 个别微分

$$\frac{\partial\Pi}{\partial a_1}=0 \tag{11-51}$$

$$\frac{\partial\Pi}{\partial a_1}=\left\{2\sum_{i=7,1,5,6,8,9}w_{7j}\left[\left(\sum_{k=1}^{6}a_kp_{kj}\right)-u_j\right]p_{1j}\right\}=0 \tag{11-52}$$

$$\frac{\partial\Pi}{\partial a_2}=0 \tag{11-53}$$

$$\frac{\partial\Pi}{\partial a_2}=\left\{2\sum_{i=7,1,5,6,8,9}w_{7j}\left[\left(\sum_{k=1}^{6}a_kp_{kj}\right)-u_j\right]p_{2j}\right\}=0 \tag{11-54}$$

$$\frac{\partial\Pi}{\partial a_2}=0,\frac{\partial\Pi}{\partial a_3}=0 \tag{11-55}$$

步骤五：将微分出来的 6 条方程式作整理可以得

$$[A]\{a\}=[B]\{u\} \tag{11-56}$$

$$\{a\}=[A]^{-1}[B]\{u\}=[C]\{u\} \tag{11-57}$$

将系数以个点的函数值表示 $\begin{Bmatrix}a_1\\a_2\\a_3\\a_4\\a_5\\a_6\end{Bmatrix}=[C]\begin{Bmatrix}u_7\\u_1\\u_5\\u_6\\u_8\\u_9\end{Bmatrix}$

$$u(x,y)=\sum_{j=1}^{6}a_j p_j(x,y) \tag{11-58}$$

$$\frac{\partial^2 u}{\partial x^2}=\sum_{j=1}^{6}a_j\frac{\partial^2 p_j(x_7,y_7)}{\partial x^2} \tag{11-59}$$

$$\frac{\partial^2 u}{\partial x^2}\bigg|_{\vec{x}=\vec{x}_7}=\sum_{j=1}^{6}a_j\frac{\partial^2 p_j(x_7,y_7)}{\partial x^2} \tag{11-60}$$

$$\frac{\partial^2 u}{\partial x^2}\bigg|_{\vec{x}=\vec{x}_7}=a_1\frac{\partial^2 p_1(x_7,y_7)}{\partial x^2}+a_2\frac{\partial^2 p_2(x_7,y_7)}{\partial x^2}+\cdots+a_6\frac{\partial^2 p_6(x_7,y_7)}{\partial x^2}$$

$$\tag{11-61}$$

$$\frac{\partial^2 u}{\partial x^2}\bigg|_{\vec{x}=\vec{x}_7}=\begin{bmatrix}p_{17}^{xx}&p_{27}^{xx}&p_{37}^{xx}&p_{47}^{xx}&p_{57}^{xx}&p_{67}^{xx}\end{bmatrix}\begin{Bmatrix}a_1\\a_2\\a_3\\a_4\\a_5\\a_6\end{Bmatrix}$$

$$\frac{\partial^2 u}{\partial x^2}\bigg|_{\vec{x}=\vec{x}_7}=\begin{bmatrix}p_{17}^{xx}&p_{27}^{xx}&p_{37}^{xx}&p_{47}^{xx}&p_{57}^{xx}&p_{67}^{xx}\end{bmatrix}[C]\begin{Bmatrix}a_1\\a_2\\a_3\\a_4\\a_5\\a_6\end{Bmatrix}$$

$$\frac{\partial^2 u}{\partial x^2}\bigg|_{\vec{x}=\vec{x}_7}=e_{77}^{xx}u_7+e_{71}^{xx}u_1+e_{75}^{xx}u_5+e_{76}^{xx}u_6+e_{78}^{xx}u_8+e_{79}^{xx}u_9$$

$$\frac{\partial^2 u}{\partial y^2}\bigg|_{\vec{x}=\vec{x}_7}=e_{77}^{yy}u_7+e_{71}^{yy}u_1+e_{75}^{yy}u_5+e_{76}^{yy}u_6+e_{78}^{yy}u_8+e_{79}^{yy}u_9$$

步骤六：将找出的表达式代入控制方程中：

$$\frac{\partial^2 u}{\partial x^2}\bigg|_{\vec{x}=\vec{x}_7}+\frac{\partial^2 u}{\partial y^2}\bigg|_{\vec{x}=\vec{x}_7}+p_7\frac{\partial u}{\partial x}\bigg|_{\vec{x}=\vec{x}_7}+q_7\frac{\partial u}{\partial y}\bigg|_{\vec{x}=\vec{x}_7}=b(x_7,y_7) \tag{11-62}$$

$$(e_{77}^{xx}+e_{77}^{yy}+p_7 e_{77}^{x}+q_7 e_{77}^{y})u_7+(e_{71}^{xx}+e_{71}^{yy}+p_7 e_{71}^{x}+q_7 e_{71}^{y})u_1+$$

$$(e_{75}^{xx}+e_{75}^{yy}+p_7 e_{75}^{x}+q_7 e_{75}^{y})u_5+(e_{76}^{xx}+e_{76}^{yy}+p_7 e_{76}^{x}+q_7 e_{76}^{y})u_6+$$

$$(e_{78}^{xx}+e_{78}^{yy}+p_7 e_{78}^{x}+q_7 e_{78}^{y})u_8+(e_{79}^{xx}+e_{79}^{yy}+p_7 e_{79}^{x}+q_7 e_{79}^{y})u_9=b_7 \tag{11-63}$$

$$s_{77}u_7+s_{71}u_1+s_{75}u_5+s_{76}u_6+s_{78}u_8+s_{79}u_9=b_7 \tag{11-64}$$

其余各个内部点可依次类推：

第六点及其支持域点号→ 6 1 5 7 8 9

$$s_{66}u_6+s_{61}u_1+s_{65}u_5+s_{67}u_7+s_{68}u_8+s_{69}u_9=b_6 \tag{11-65}$$

第八点及其支持域点号→ 8 2 3 4 7 9

$$s_{88}u_8 + s_{82}u_2 + s_{83}u_3 + s_{84}u_4 + s_{87}u_7 + s_{89}u_9 = b_8 \qquad (11-66)$$

第九点及其支持域点号→ 9 3 4 5 6 7

$$s_{99}u_9 + s_{93}u_3 + s_{94}u_4 + s_{95}u_5 + s_{96}u_6 + s_{97}u_7 = b_9 \qquad (11-67)$$

步骤七：将边界点与内部点所形成的代数方程式组合可得：

$$[A]\{u\} = \{b\} \qquad (11-68)$$

$$\{u\} = \begin{Bmatrix} u_1 \\ u_2 \\ u_3 \\ u_4 \\ u_5 \\ u_6 \\ u_7 \\ u_8 \\ u_9 \end{Bmatrix}, \quad \{b\} = \begin{Bmatrix} f_1 \\ f_2 \\ f_3 \\ f_4 \\ f_5 \\ f_6 \\ f_7 \\ f_8 \\ f_9 \end{Bmatrix}, \quad [A] = \begin{bmatrix} 1 & 0 & 0 & 0 & 0 & 0 & 0 & 0 & 0 \\ 0 & 1 & 0 & 0 & 0 & 0 & 0 & 0 & 0 \\ 0 & 0 & 1 & 0 & 0 & 0 & 0 & 0 & 0 \\ 0 & 0 & 0 & 1 & 0 & 0 & 0 & 0 & 0 \\ 0 & 0 & 0 & 0 & 1 & 0 & 0 & 0 & 0 \\ s_{61} & 0 & 0 & 0 & s_{65} & s_{66} & s_{67} & s_{68} & s_{69} \\ s_{71} & 0 & 0 & 0 & s_{75} & s_{76} & s_{77} & s_{78} & s_{79} \\ 0 & s_{82} & s_{83} & s_{84} & 0 & 0 & s_{87} & s_{88} & s_{89} \\ 0 & 0 & s_{93} & s_{94} & s_{95} & s_{96} & s_{97} & 0 & s_{99} \end{bmatrix}$$

$$\{u\} = [A]^{-1}\{b\} \qquad (11-69)$$

读者可阅读参考文献［1］至文献［7］，以对本章有更为深刻的理解。

11.3　参考习题

11-1. 运用 MLSFDQ 法求解下列方程：

$$u(x,y) = f(x,y), (x,y) \in \partial\Omega$$

计算域：

$$\Omega \in \{(x,y) \,|\, x = \rho\cos\theta, y = \rho\sin\theta, 0 \leqslant \theta \leqslant 2\pi\}$$

$$\rho = [\cos(2\theta) + \sqrt{1.1 - \sin}]^{\frac{1}{7}}$$

解析解：

$$u = e^x \cos y$$

参 考 文 献

［1］ LIEW K M，HUANG Y Q，REDDY J N. Moving least squares differential quadrature method and its application to the analysis of shear deformable plates ［J］. International Journal for Numerical Methods in Engineering，2003，56 (15)：2331-2351.

［2］ LIEW K M，HUANG Y Q. Bending and buckling of thick symmetric rectangular laminates using the moving least-squares differential quadrature method ［J］. International Journal of Mechanical ences，2003，45 (1)：95-114.

［3］ LIEW K M，HUANG Y Q，Reddy J N. Vibration analysis of symmetrically laminated plates based on FSDT using the moving least squares differential quadrature method ［J］. Computer Methods in

Applied Mechanics and Engineerin, 2003, 192, 2203 - 2222.

[4] LI Q S, HUANG Y Q. Moving least - squares differential quadrature method for free vibration of antisymmetric laminates [J]. ASCE Journal of Engineering Mechanics, 2004, 130 (12), 1447 - 1457.

[5] LIEW K M, HUANG Y Q, REDDY J N. Analysis of general shaped thin plates by the moving least - squares differential quadrature method [J]. Finite Elements in Analysis &. Design, 2004, 40 (11): 1453 - 1474.

[6] HUANG Y Q, LI Q S. Bending and buckling analysis of antisymmetric laminates using the moving least square differential quadrature method [J]. Computer Methods in Applied Mechanics &. Engineering, 2004, 193 (33/35): 3471 - 3492.

[7] WU L, LI H, WANG D, Vibration analysis of generally laminated composite plates by the moving least squares differential quadrature method [J]. Composite Structures, 2005, 68, 319 - 330.

第 12 章 奇 异 边 界 法

奇异边界法（Singular Boundary Method，SBM）是与基本解法相对应的一种新的边界型无网格数值离散方法。该方法提出了源点强度因子的概念，克服了传统基本解法（MFS）中最复杂最头疼的虚拟边界问题。基于边界元法中处理奇异积分的数值处理技术，导出了源点强度因子的解析表达式，提出了改进的无网格奇异边界法，并进一步将该方法应用于三维位势问题。该方法消除了传统方法中样本点的选取，在不增加计算量的前提下，极大地提高了奇异边界法的计算精度与稳定性。目前，该方法已成功应用于位势，弹性力学和声波等问题的求解。但由于该方法生成的系数矩阵是稠密、非对称阵，不适宜于大规模问题的计算。对于该方法的相关研究也可参考文献 [1] 至文献 [5]。

12.1 求解拉普拉斯方程

由于奇异边界法为与基本解法（MFS）相对应的一种无网格数值方法，首先回顾一下基本解法的求解过程。

步骤一：在边界上选取 N 个点（$N=6$），$(x_j，y_j)j=1，2，3，4，5，6$，在相对应的计算域之外也选取 N 个源点（Source point，$N=6$）$(s_j^x，s_j^y)j=1，2，3，4，5，6$，如图 12-1 所示。

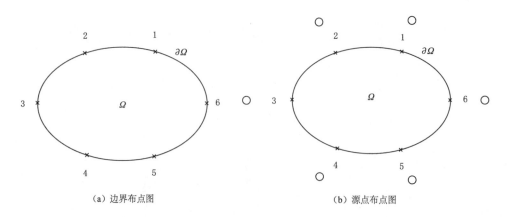

（a）边界布点图   （b）源点布点图

图 12-1 计算域布点图

步骤二：将数值解表示成基本解的线性累加：

$$T(x,y) = \sum_{j=1}^{6} \alpha_j u^*(\vec{x}, \vec{s}_j) \qquad (12-1)$$

$$T(x,y) = \sum_{j=1}^{6} \alpha_j \ln(|\vec{x} - \vec{s}_j|) \qquad (12-2)$$

由已知的边界条件可以得知：$T(x_1,y_1) = f(x_1,y_1)$

$$\begin{Bmatrix} f(x_1,y_1) \\ f(x_2,y_2) \\ f(x_3,y_3) \\ f(x_4,y_4) \\ f(x_5,y_5) \\ f(x_6,y_6) \end{Bmatrix} = \begin{bmatrix} \ln r_{11} & \ln r_{12} & \ln r_{13} & \ln r_{14} & \ln r_{15} & \ln r_{16} \\ \ln r_{21} & \ln r_{22} & \ln r_{23} & \ln r_{24} & \ln r_{25} & \ln r_{26} \\ \ln r_{31} & \ln r_{32} & \ln r_{33} & \ln r_{34} & \ln r_{35} & \ln r_{36} \\ \ln r_{41} & \ln r_{42} & \ln r_{43} & \ln r_{44} & \ln r_{45} & \ln r_{46} \\ \ln r_{51} & \ln r_{52} & \ln r_{53} & \ln r_{54} & \ln r_{55} & \ln r_{56} \\ \ln r_{61} & \ln r_{62} & \ln r_{63} & \ln r_{64} & \ln r_{65} & \ln r_{66} \end{bmatrix} \begin{Bmatrix} \alpha_1 \\ \alpha_2 \\ \alpha_3 \\ \alpha_4 \\ \alpha_5 \\ \alpha_6 \end{Bmatrix}$$

步骤三：求出每一个计算域外源点的强度。

$$\{f\} = [\varphi]\{\alpha\} \quad \{\alpha\} = [\varphi]^{-1}\{f\} \qquad (12-3)$$

基本解强度求出来之后，就可以算出域内任意点的值与微分量。

如上可知，MFS 的数值结果非常准确，但是数值结果的准确性与源点的位置有很大的关系性，并无有效且简单的方法决定源点位置，必须利用反复测试的方法决定，这是 MFS 最大的缺点，而该方法是将源点直接放置到边界上，改善了这一问题。

已知控制方程（Laplace equation）为

$$\nabla^2 u(x,y) = 0, (x,y) \in \Omega \qquad (12-4)$$

假定边界条件：

$$u(x,y) = \overline{u}(x,y), (x,y) \in \Gamma^D \qquad (12-5)$$

$$\frac{\partial u(x,y)}{\partial n} = \overline{q}(x,y), (x,y) \in \Gamma^N \qquad (12-6)$$

若采用 MFS 求解：

在边界上布置 $n_b = n_{b1} + n_{b2}$ 个点，其中沿着 Γ^D 为 n_{b1} 个点，而沿着 Γ^N 为 n_{b2} 个点假设如图 12-2 中，点 1～点 3 为沿着 Γ^D 的点，而点 4～点 5 为沿着 Γ^N 的点

假设这 n_b 个点，同时是边界点 $\{x_b\}$ 也是点源 $\{s\}$。采用 MFS 的作法，则数值解可以表示基本解与系数乘积的线性累加：

$$u(x) = \sum_{j=1}^{n_b} \alpha_j \ln(\|x - s_j\|) = \sum_{j=1}^{n_b} \alpha_j \ln r_j \qquad (12-7)$$

经由边界条件配点可得：

$$\alpha_1 \ln r_{11} + \alpha_2 \ln r_{12} + \alpha_3 \ln r_{13} + \alpha_4 \ln r_{14} + \alpha_5 \ln r_{15} = \vec{u}(x_1) \qquad (12-8)$$

$$\alpha_1 \ln r_{21} + \alpha_2 \ln r_{22} + \alpha_3 \ln r_{23} + \alpha_4 \ln r_{24} + \alpha_5 \ln r_{25} = \vec{u}(x_2) \qquad (12-9)$$

$$\alpha_1 \ln r_{31} + \alpha_2 \ln r_{32} + \alpha_3 \ln r_{33} + \alpha_4 \ln r_{34} + \alpha_5 \ln r_{35} = \vec{u}(x_3) \qquad (12-10)$$

$$\alpha_1 \frac{\partial \ln r_{41}}{\partial n} + \alpha_2 \frac{\partial \ln r_{42}}{\partial n} + \alpha_3 \frac{\partial \ln r_{43}}{\partial n} + \alpha_4 \frac{\partial \ln r_{44}}{\partial n} + \alpha_5 \frac{\partial \ln r_{45}}{\partial n} = \vec{q}(x_4) \qquad (12-11)$$

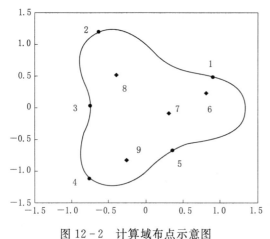

图 12-2 计算域布点示意图

$$\alpha_1 \frac{\partial \ln r_{51}}{\partial n} + \alpha_2 \frac{\partial \ln r_{52}}{\partial n} + \alpha_3 \frac{\partial \ln r_{53}}{\partial n} +$$

$$\alpha_4 \frac{\partial \ln r_{54}}{\partial n} + \alpha_5 \frac{\partial \ln r_{55}}{\partial n} = \vec{q}(x_5)$$

$$(12-12)$$

整理可得:

$$\begin{bmatrix} a_{11} & a_{12} & a_{13} & a_{14} & a_{15} \\ a_{21} & a_{22} & \cdots & \cdots & \cdots \\ \cdots & \cdots & a_{33} & \cdots & \cdots \\ \cdots & \cdots & \cdots & a_{44} & \cdots \\ \cdots & \cdots & \cdots & \cdots & a_{55} \end{bmatrix} \begin{Bmatrix} \alpha_1 \\ \alpha_2 \\ \alpha_3 \\ \alpha_4 \\ \alpha_5 \end{Bmatrix} = \begin{Bmatrix} \overline{u}(x_1) \\ \overline{u}(x_2) \\ \overline{u}(x_3) \\ \overline{q}(x_4) \\ \overline{q}(x_5) \end{Bmatrix}$$

由于未布置源点(Source point),

因此 $a_{11} = \ln r_{11}$、$a_{22} = \ln r_{22}$、$a_{33} = \ln r_{33}$、$a_{44} = \frac{\partial \ln r_{44}}{\partial n}$、$a_{55} = \frac{\partial \ln r_{55}}{\partial n}$ 的值无法得知。

此时,SBM 采用 IIT 技术(inverse interpolation technique)进行下一步求解。

步骤一:先猜测一个满足控制方程式的解 $u^e(x, y)$,例如:$u^e(x,y) = e^x \cos y$,以及一组内部点(假设图 12-2 中,点 6 到点 9 为内部点)

根据 MFS 的想法,$u^e(x, y)$ 可以表示为基本解与系数乘积的线性累加:

$$u^e(\boldsymbol{x}) = \sum_{j=1}^{n_b} \beta_j \ln(\|\boldsymbol{x} - \boldsymbol{s}_j\|) = \sum_{j=1}^{n_b} \beta_j \ln r_j \qquad (12-13)$$

进行内部点的配点可得:

$$\beta_1 \ln r_{61} + \beta_2 \ln r_{62} + \beta_3 \ln r_{63} + \beta_4 \ln r_{64} + \beta_5 \ln r_{65} = u^e(x_6) \qquad (12-14)$$

$$\beta_1 \ln r_{71} + \beta_2 \ln r_{72} + \beta_3 \ln r_{73} + \beta_4 \ln r_{74} + \beta_5 \ln r_{75} = u^e(x_7) \qquad (12-15)$$

$$\beta_1 \ln r_{81} + \beta_2 \ln r_{82} + \beta_3 \ln r_{83} + \beta_4 \ln r_{84} + \beta_5 \ln r_{85} = u^e(x_8) \qquad (12-16)$$

$$\beta_1 \ln r_{91} + \beta_2 \ln r_{92} + \beta_3 \ln r_{93} + \beta_4 \ln r_{94} + \beta_5 \ln r_{95} = u^e(x_9) \qquad (12-17)$$

整理可得:

$$\begin{bmatrix} \ln r_{61} & \ln r_{62} & \ln r_{63} & \ln r_{64} & \ln r_{65} \\ \ln r_{71} & \ln r_{72} & \ln r_{73} & \ln r_{74} & \ln r_{75} \\ \ln r_{81} & \ln r_{82} & \ln r_{83} & \ln r_{84} & \ln r_{85} \\ \ln r_{91} & \ln r_{92} & \ln r_{93} & \ln r_{94} & \ln r_{95} \end{bmatrix} \begin{Bmatrix} \beta_1 \\ \beta_2 \\ \beta_3 \\ \beta_4 \\ \beta_5 \end{Bmatrix} = \begin{Bmatrix} u^e(x_6) \\ u^e(x_7) \\ u^e(x_8) \\ u^e(x_9) \end{Bmatrix}$$

左除即可求出 β:

$$\begin{Bmatrix} \beta_1 \\ \beta_2 \\ \beta_3 \\ \beta_4 \\ \beta_5 \end{Bmatrix} = \begin{bmatrix} \ln r_{61} & \ln r_{62} & \ln r_{63} & \ln r_{64} & \ln r_{65} \\ \ln r_{71} & \ln r_{72} & \ln r_{73} & \ln r_{74} & \ln r_{75} \\ \ln r_{81} & \ln r_{82} & \ln r_{83} & \ln r_{84} & \ln r_{85} \\ \ln r_{91} & \ln r_{92} & \ln r_{93} & \ln r_{94} & \ln r_{95} \end{bmatrix}^{-1} \begin{Bmatrix} u^e(x_6) \\ u^e(x_7) \\ u^e(x_8) \\ u^e(x_9) \end{Bmatrix} \quad 可求出 \begin{Bmatrix} \beta_1 \\ \beta_2 \\ \beta_3 \\ \beta_4 \\ \beta_5 \end{Bmatrix}$$

注：内部点的数量应该与边界点相同，或是更多。

步骤二：再将配点点位换到边界点上

$$\beta_1 \ln r_{11} + \beta_2 \ln r_{12} + \beta_3 \ln r_{13} + \beta_4 \ln r_{14} + \beta_5 \ln r_{15} = u^e(\boldsymbol{x}_1) \tag{12-18}$$

$$\beta_1 \ln r_{21} + \beta_2 \ln r_{22} + \beta_3 \ln r_{23} + \beta_4 \ln r_{24} + \beta_5 \ln r_{25} = u^e(\boldsymbol{x}_2) \tag{12-19}$$

$$\beta_1 \ln r_{31} + \beta_2 \ln r_{32} + \beta_3 \ln r_{33} + \beta_4 \ln r_{34} + \beta_5 \ln r_{35} = u^e(\boldsymbol{x}_3) \tag{12-20}$$

$$\beta_1 \frac{\partial \ln r_{41}}{\partial n} + \beta_2 \frac{\partial \ln r_{42}}{\partial n} + \beta_3 \frac{\partial \ln r_{43}}{\partial n} + \beta_4 \frac{\partial \ln r_{44}}{\partial n} + \beta_5 \frac{\partial \ln r_{45}}{\partial n} = \frac{\partial u^e(x_4)}{\partial n} \tag{12-21}$$

$$\beta_1 \frac{\partial \ln r_{51}}{\partial n} + \beta_2 \frac{\partial \ln r_{52}}{\partial n} + \beta_3 \frac{\partial \ln r_{53}}{\partial n} + \beta_4 \frac{\partial \ln r_{54}}{\partial n} + \beta_5 \frac{\partial \ln r_{55}}{\partial n} = \frac{\partial u^e(x_5)}{\partial n} \tag{12-22}$$

则各点位 α 值可通过 β 表示为

$$a_{11} = \ln r_{11} = \frac{1}{\beta_1} [u^e(\boldsymbol{x}_1) - \beta_2 \ln r_{12} - \beta_3 \ln r_{13} - \beta_4 \ln r_{14} - \beta_5 \ln r_{15}] \tag{12-23}$$

$$a_{22} = \ln r_{22} = \frac{1}{\beta_2} [u^e(\boldsymbol{x}_2) - \beta_1 \ln r_{21} - \beta_3 \ln r_{23} - \beta_4 \ln r_{24} - \beta_5 \ln r_{25}] \tag{12-24}$$

$$a_{33} = \ln r_{33} = \frac{1}{\beta_3} [u^e(\boldsymbol{x}_3) - \beta_1 \ln r_{31} - \beta_2 \ln r_{32} - \beta_4 \ln r_{34} - \beta_5 \ln r_{35}] \tag{12-25}$$

$$a_{44} = \frac{\partial \ln r_{44}}{\partial n} = \frac{1}{\beta_4} \left[\frac{\partial u^e(\boldsymbol{x}_4)}{\partial n} - \beta_1 \frac{\partial \ln r_{41}}{\partial n} - \beta_2 \frac{\partial \ln r_{42}}{\partial n} - \beta_3 \frac{\partial \ln r_{43}}{\partial n} - \beta_5 \frac{\partial \ln r_{45}}{\partial n} \right]$$
$$\tag{12-26}$$

$$a_{55} = \frac{\partial \ln r_{55}}{\partial n} = \frac{1}{\beta_5} \left[\frac{\partial u^e(\boldsymbol{x}_5)}{\partial n} - \beta_1 \frac{\partial \ln r_{51}}{\partial n} - \beta_2 \frac{\partial \ln r_{52}}{\partial n} - \beta_3 \frac{\partial \ln r_{53}}{\partial n} - \beta_4 \frac{\partial \ln r_{54}}{\partial n} \right]$$
$$\tag{12-27}$$

步骤三：将对角线元素代回原问题求解

$$\begin{bmatrix} a_{11} & a_{12} & a_{13} & a_{14} & a_{15} \\ a_{21} & a_{22} & \cdots & \cdots & \cdots \\ \cdots & \cdots & a_{33} & \cdots & \cdots \\ \cdots & \cdots & \cdots & a_{44} & \cdots \\ \cdots & \cdots & \cdots & \cdots & a_{55} \end{bmatrix} \begin{Bmatrix} \alpha_1 \\ \alpha_2 \\ \alpha_3 \\ \alpha_4 \\ \alpha_5 \end{Bmatrix} = \begin{Bmatrix} \overline{u}(\boldsymbol{x}_1) \\ \overline{u}(\boldsymbol{x}_2) \\ \overline{u}(\boldsymbol{x}_3) \\ \overline{q}(\boldsymbol{x}_4) \\ \overline{q}(\boldsymbol{x}_5) \end{Bmatrix}$$

$$\begin{Bmatrix} \alpha_1 \\ \alpha_2 \\ \alpha_3 \\ \alpha_4 \\ \alpha_5 \end{Bmatrix} = \begin{bmatrix} a_{11} & a_{12} & a_{13} & a_{14} & a_{15} \\ a_{21} & a_{22} & \cdots & \cdots & \cdots \\ \cdots & \cdots & a_{33} & \cdots & \cdots \\ \cdots & \cdots & \cdots & a_{44} & \cdots \\ \cdots & \cdots & \cdots & \cdots & a_{55} \end{bmatrix}^{-1} \begin{Bmatrix} \overline{u}(\boldsymbol{x}_1) \\ \overline{u}(\boldsymbol{x}_2) \\ \overline{u}(\boldsymbol{x}_3) \\ \overline{q}(\boldsymbol{x}_4) \\ \overline{q}(\boldsymbol{x}_5) \end{Bmatrix}$$

即求出原问题的原点强度。

$$u(\boldsymbol{x}) = \sum_{j=1}^{n_b} \alpha_j \ln(\parallel \boldsymbol{x} - \boldsymbol{s}_j \parallel) + \alpha_{n_b+1} = \sum_{j=1}^{n_b} \alpha_j \ln r_j + \alpha_{n_b+1} \qquad (12-28)$$

$$\sum_{j=1}^{n_s} \alpha_j = 0 \qquad (12-29)$$

参 考 文 献

[1] CHEN W, FU Z, WEI X. Potential Problems by Singular Boundary Method Satisfying Moment Condition [J]. Computer Modeling in Engineering & ences, 2009, 54 (1): 65-85.

[2] CHEN W, WANG F Z. A method of fundamental solutions without fictitious boundary [J]. Engineering Analysis with Boundary Elements, 2010, 34 (5): 530-532.

[3] CHEN W, GU Y. An Improved Formulation of Singular Boundary Method [J]. Advances in Applied Mathematics & Mechanics, 2012, 4 (5): 543-558.

[4] WEI X, CHEN W, FU Z J. Solving inhomogeneous problems by singular boundary method [J]. Journal of Marine ence & Technology, 2013, 21 (1): 8-14.

[5] LIN J, CHEN W, CHEN C S. Numerical treatment of acoustic problems with boundary singularities by the singular boundary method [J]. Journal of Sound & Vibration, 2014, 333 (14): 3177-3188.